JO-JO

Mathematik 4
Grundschule Bayern

Arbeitsheft

Erarbeitet von

Irene Boellner, Höhenkirchen-Siegertsbrunn
Gudrun Thöne, Aham

In Zusammenarbeit mit der
Cornelsen Redaktion Grundschule

Unter Beratung von

Elke Maier, Eching
Heike Peters, Schwabach

Cornelsen

Inhalt

 Differenzierungsaufgabe

 Zeichenbeispiel; einzeichnen

Addition und Subtraktion bis 1000

1

a)
340 + 530 = ____
610 + 250 = ____
720 + 140 = ____
530 + 470 = ____

b)
460 + 290 = ____
280 + 640 = ____
350 + 380 = ____
670 + 250 = ____

c)
230 + 547 = ____
460 + 325 = ____
642 + 250 = ____
337 + 642 = ____

2 Addiere immer die gleiche Zahl.

a)
240 + 240 + 240 = ____
130 + 130 + ____ = ____
280 + ____ + ____ = ____

b)
310 + ____ + ____ = ____
290 + ____ + ____ = ____
325 + ____ + ____ = ____

3 Fasse geschickt zusammen.

a)
140 + 154 + 60 = ____
416 + 230 + 70 = ____
510 + 190 + 104 = ____
215 + 90 + 85 = ____

b)
220 + 38 + 180 = ____
386 + 400 + 14 = ____
90 + 78 + 210 = ____
118 + 22 + 800 = ____

c)
340 + 16 + 260 = ____
450 + 225 + 50 = ____
656 + 214 + 86 = ____
520 + 149 + 251 = ____

354, 378, 390, 438, 616, 716, 725, 751, 800, 804, 920, 940, 956

4

a)
490 – 230 = ____
980 – 510 = ____
760 – 350 = ____
540 – 430 = ____

b)
630 – 470 = ____
510 – 390 = ____
940 – 760 = ____
420 – 280 = ____

c)
547 – 320 = ____
882 – 550 = ____
790 – 246 = ____
370 – 178 = ____

5

a)
[ ]
[427] [ ]
[ ] [420] [53]

b)
[1000] [550] [ ]
[ ] [310]
[ ]

c)
[ ]
[86] [360]
[ ] [56] [ ]

6

a)

+	40		432
230		480	
540			
320			

b)

–	70		235
890			
550		230	
780			

c)

–	60	260	391
670			
		535	
870			

Schriftliche Addition und Subtraktion bis 1000

1 a) 124 + 467 | 546 + 256 b) 341 + 265 | 684 + 275 c) 238 + 584 | 333 + 497

591, 606, 802, 812, 822, 830, 959

2 Nur zwei Ergebnisse: 801 oder 909.

a) 234 + 243 + 324 | 423 + 234 + 252 b) 432 + 243 + 234 | 342 + 324 + 243 c) 24 + 234 + 543 | 334 + 32 + 543

3 a) 432 − 117 | 563 − 124 b) 348 − 157 | 269 − 137 c) 616 − 345 | 899 − 448

d) 523 − 145 | 601 − 125 e) 468 − 279 | 805 − 686 f) 766 − 136 | 300 − 126

119, 132, 174, 189, 191, 271, 315, 378, 439, 451, 476, 529, 630

4 Finde die Fehler und rechne richtig.

a) 372 − 155 = 227 | − b) 907 − 728 = 289 | − c) 521 − 389 = 900 | −

5 Besondere Ergebnisse

a) 564 − 120 b) 800 − 134 c) 856 − 523 d) 726 − 615 e) 838 − 283

6 Ergänze die fehlenden Ziffern. Überprüfe auf dem Block durch die Umkehraufgabe.

a) 32□ + 2□2 = 597 b) 4□8 + □54 = 772 c) 561 + 3□3 = □24 d) 936 − □1□ = 524 e) 753 − 5□□ = 173

Einmaleinssätze wiederholen

1 Was fällt dir auf?

a) 7 · 2 = ___ 5 · 2 = ___ 10 · 2 = ___
7 · 4 = ___ 5 · 4 = ___ 10 · 4 = ___
7 · 8 = ___ 5 · 8 = ___ 10 · 8 = ___

b) 3 · 2 = ___ 8 · 2 = ___ 9 · 2 = ___
3 · 4 = ___ 8 · 4 = ___ 9 · 4 = ___
3 · 8 = ___ 8 · 8 = ___ 9 · 8 = ___

c) 4 · 3 = ___ 6 · 3 = ___ 9 · 3 = ___
4 · 6 = ___ 6 · 6 = ___ 9 · 6 = ___
4 · 9 = ___ 6 · 9 = ___ 9 · 9 = ___

d) 3 · 3 = ___ 5 · 3 = ___ 7 · 3 = ___
3 · 6 = ___ 5 · 6 = ___ 7 · 6 = ___
3 · 9 = ___ 5 · 9 = ___ 7 · 9 = ___

2 Rechne und male die Ergebniszahlen im Ballon blau aus.

a) 3 · 4 + 5 · 5 = ___
4 · 8 + 7 · 4 = ___
9 · 6 + 6 · 6 = ___
7 · 8 + 3 · 8 = ___
8 · 9 + 5 · 4 = ___

b) 56 : 8 + 81 : 9 = ___
48 : 6 + 28 : 4 = ___
21 : 7 + 35 : 5 = ___
63 : 7 + 64 : 8 = ___
42 : 6 + 32 : 8 = ___

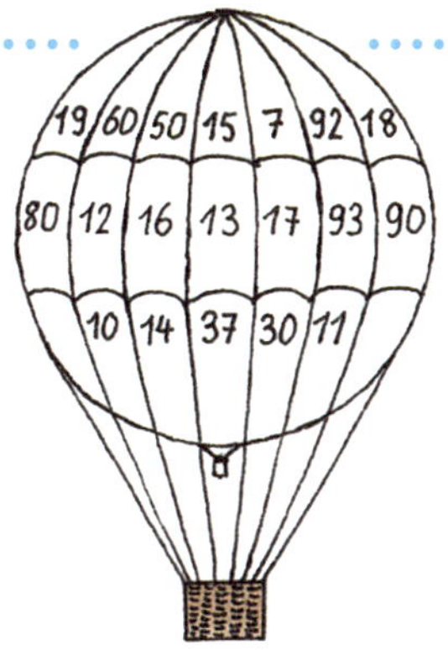

3 Finde Divisionsaufgaben mit und ohne Rest.

25 21 23 29 24 22 26 28 27 : 6 9 7 5 8

4 a)

·	40		30
5			
7		630	
4			

b)

·	4	2	7
20			
	320		
90			

c)

·	80		90
			810
8		480	
	320		

Zahlen bis 10 000 darstellen

1 Welche Zahl ist hier dargestellt?

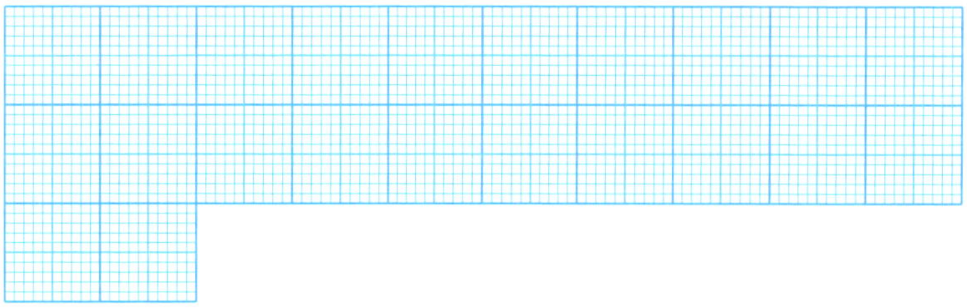

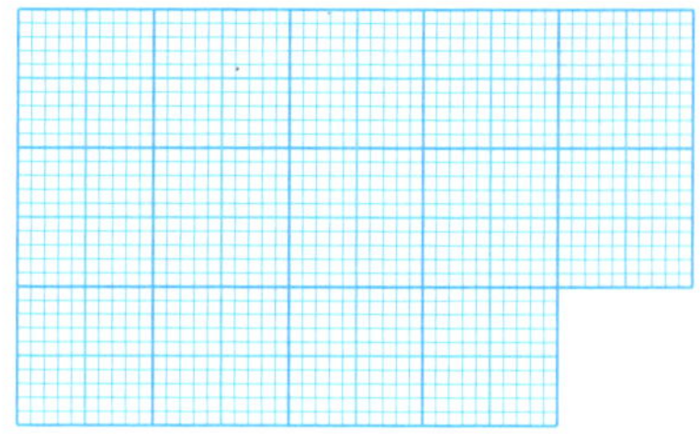

---

2 Markiere die Zahlen.

a) 1 340

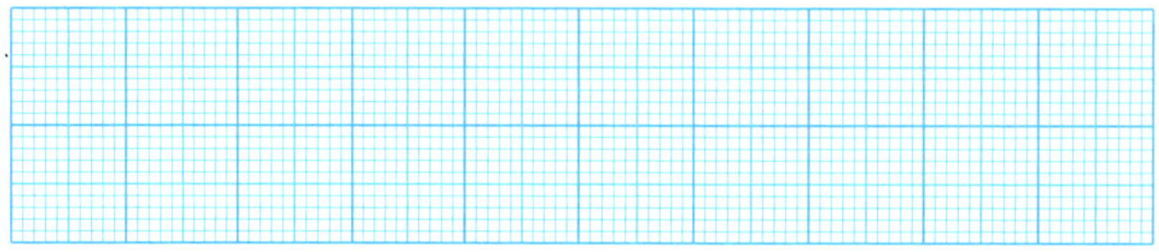

b) 1 590

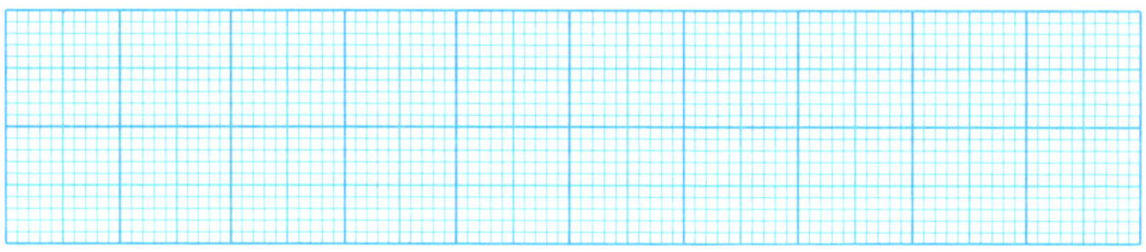

c) 2 750

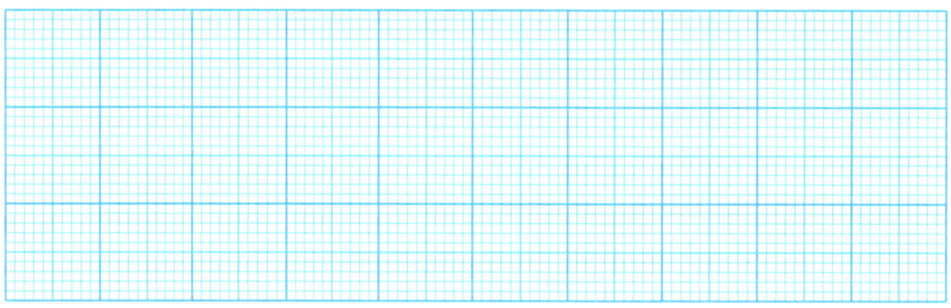

---

3 Trage in die Stellenwerttabelle ein.

a)

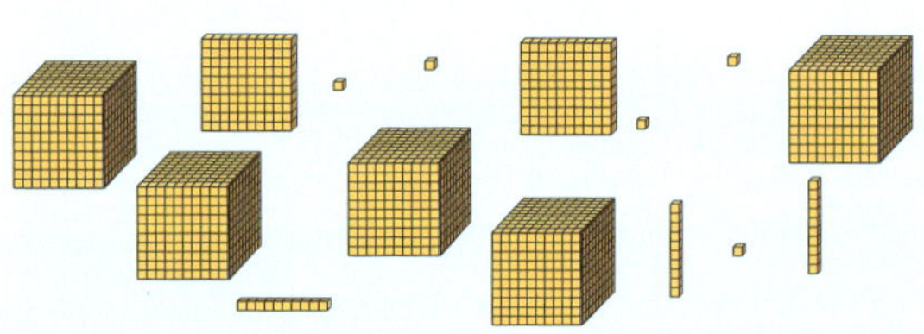

ZT	T	H	Z	E

Zahl:

b)

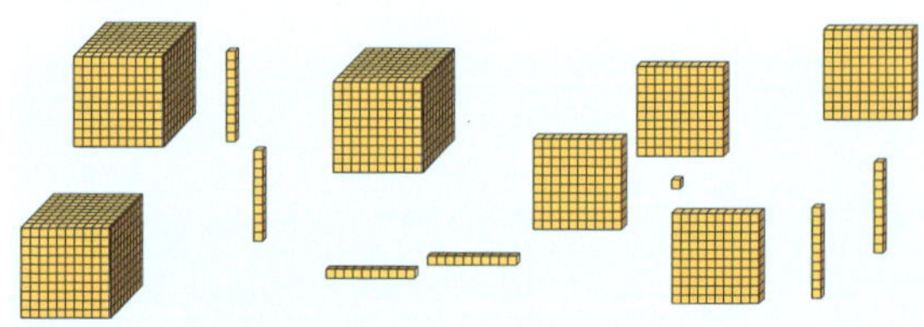

ZT	T	H	Z	E

Zahl:

c)

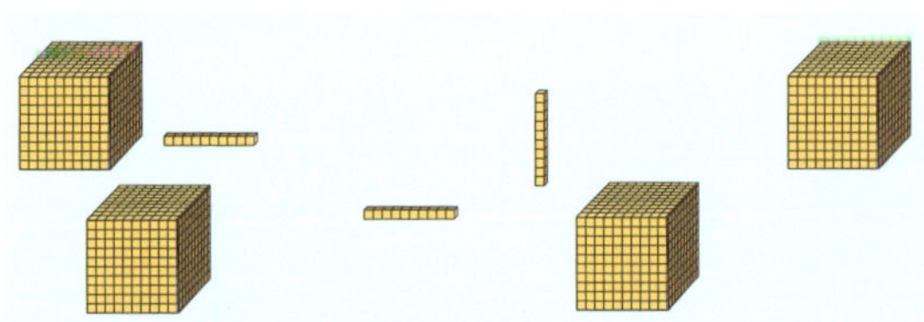

ZT	T	H	Z	E

Zahl:

d)

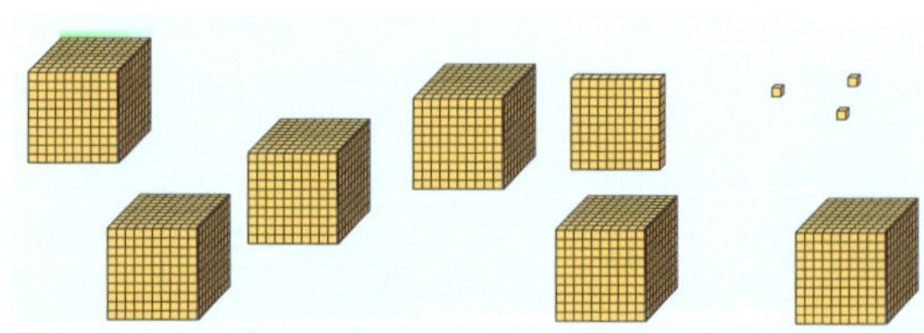

ZT	T	H	Z	E

Zahl:

SB ► S. 14, 15

Übungen zur Stellenwerttabelle

1 Wie heißt die Zahl?

a)

Zahl		T	H	Z	E
2764	→	2	7	6	4
7391	→				
	←	4	9	3	5

b)

Zahl		T	H	Z	E
5034	→				
	←	7	2	0	5
9308	←				

c)

Zahl		T	H	Z	E
	←	1	0	3	0
8003	→				
	←		3	0	0

2 Trage ein.

		ZT	T	H	Z	E				
1T + 2H + 4Z + 6E	→						→	1000 + 200 + 40 + 6	→	1246
	←						←		←	4781
	←		5	3	7	1	→		→	
	←						←	7000 + 400 + 20 + 7	→	

3 Trage in die Stellenwerttabelle ein. Lies genau.

a) E 7, Z 4, H 2, T 3

b) Z 7, H 0, E 8, T 5

c) E 9, Z 8, H 2

d) H 3, E 0, Z 8, T 1

	ZT	T	H	Z	E		
a)						→	
b)						→	
c)						→	
d)						→	

4 Trage ein.

		ZT	T	H	Z	E				
1Z + 4H + 3E + 6T	→						→		→	
	←		3	3	0	2	→		→	
	←						←	4 + 300 + 4000	←	
	←						←		←	1101

5 Wie heißen die Zahlen?

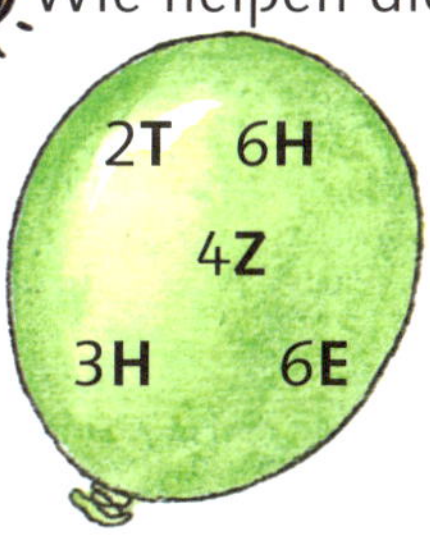

_T _H _Z _E
= ________

_T _H _Z _E
= ________

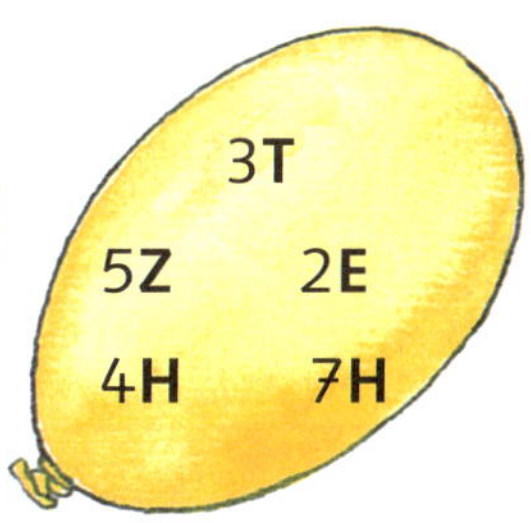

_T _H _Z _E
= ________

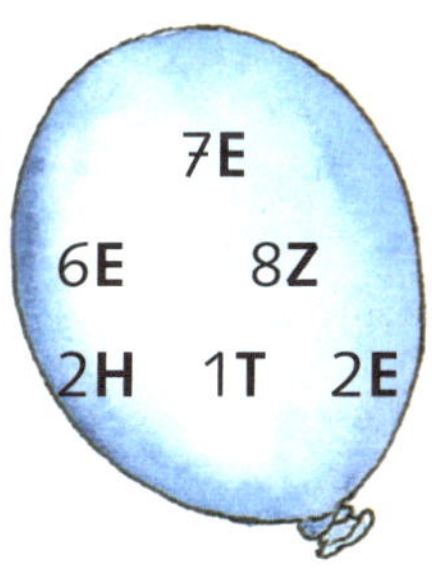

_T _H _Z _E
= ________

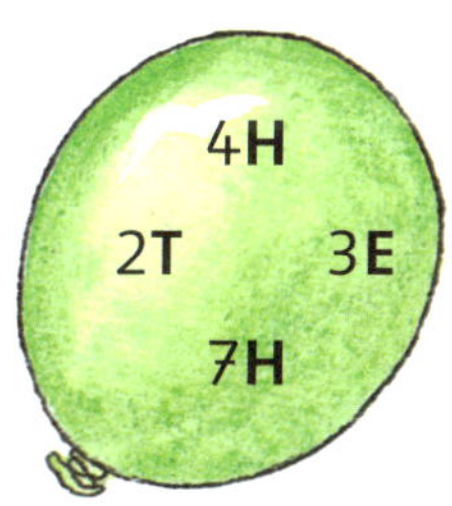

_T _H _Z _E
= ________

Zahlen am Zahlenstrahl

1 Zeichne am Zahlenstrahl ein.

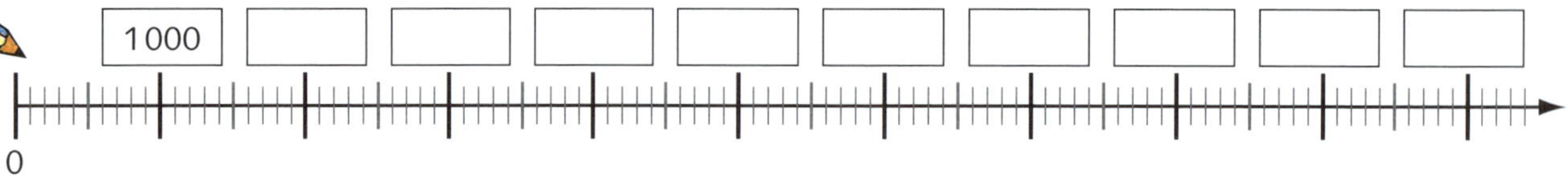

a) **rote** Striche für die Tausenderzahlen

b) **blaue** Striche für die Zahlen 500, 1500, 2500, 3500, 4500, 5500, 6500, 7500, 8500, 9500

c) **lila** Striche für die Zahlen 1100, 1200, 1300, 1400, 1500, 1600, 1700, 1800, 1900

d) **grüne** Striche für die Zahlen 2100, 3100, 4100, 5100, 6100, 7100, 8100, 9100

e) **orange** Striche für die Zahlen 2900, 3900, 4900, 5900, 6900, 7900, 8900, 9900

2 Verbinde die Zahlen mit dem Zahlenstrahl. Trage die fehlenden Zahlen ein.

a)

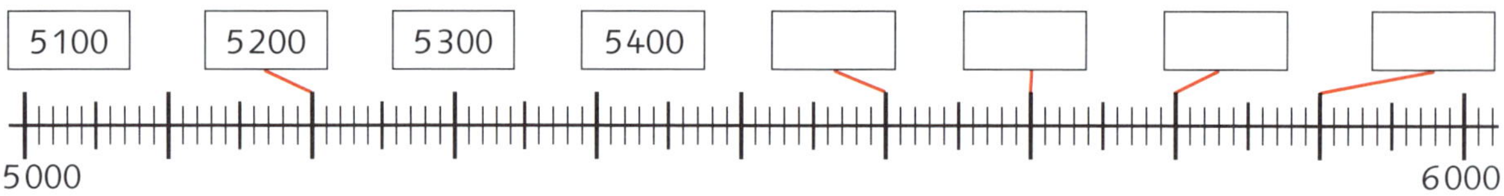

b)

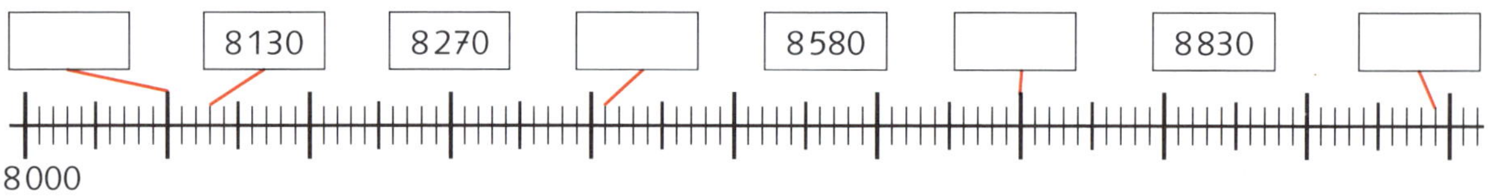

c)

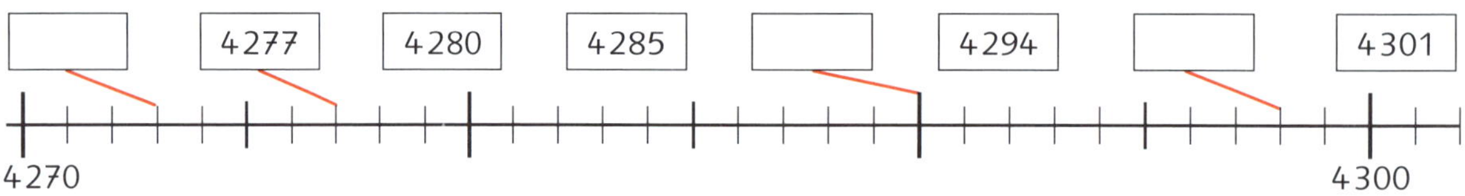

d)

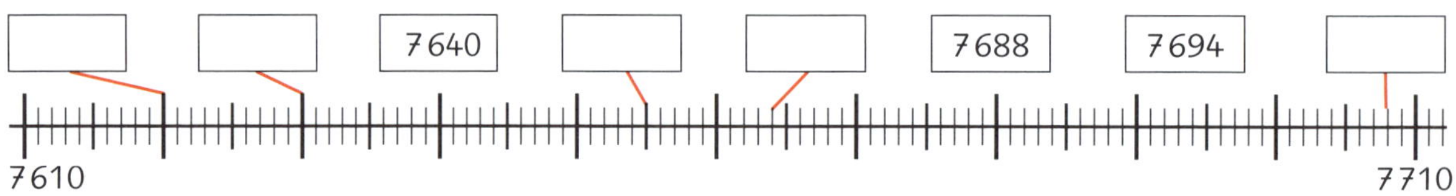

e)

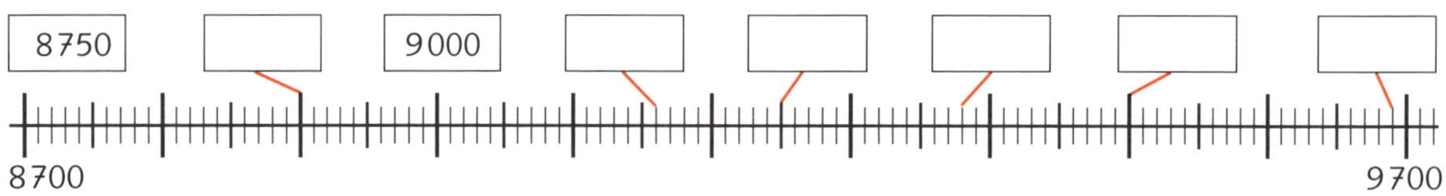

3

a) Trage die Zahlen 4000, 1500 und 6100 möglichst genau ein.

b) Schreibe noch eigene Zahlen dazu.

SB ► S. 18

Nachbarzahlen

1

a)

	1 278	1 279			

b)

		7 998			8 001

c)

	5 009	5 010			

d)

			3 000	3 001	

e)

			6 400	6 401	

f)

				2 002	2 003

2 Finde die Nachbarzahlen.

a) Vorgänger/Nachfolger

	Zahl	
1 287	1 288	1 289
	2 577	
	7 231	
3 199		
	5 679	

b) Nachbarzehner

	Zahl	
	1 476	
	3 054	
	2 413	
	5 744	
	8 029	

c) Nachbarhunderter

	Zahl	
	2 361	
	4 711	
	1 492	
	5 046	
	9 238	

d) Nachbarhunderter

	Zahl	
	1 998	
	4 153	
	8 905	
	3 500	
	3 050	

e) Nachbartausender

	Zahl	
	1 800	
	5 739	
	3 490	
	8 888	
	2 000	

f) Nachbartausender

	Zahl	
	4 201	
	6 890	
	2 993	
	1 004	
	5 698	

3 Trage die fehlenden Nachbarzahlen ein.

Nachbar-tausender	Nachbar-hunderter	Nachbar-zehner	Vorgänger	Zahl	Nachfolger	Nachbar-zehner	Nachbar-hunderter	Nachbar-tausender
				1 285				
				2 721				
				5 937				
				3 409				
					8 348			
				4 530				
			9 200					
					6 800			
				7 909				

4 Finde vier mögliche Zahlen zu den Nachbarzahlen in der Mitte.

a) 6 400

b) 3 720

c) 8 000

Zahlen vergleichen und ordnen, Zahlenfolgen

1 >, < oder =?

a) 2000 ◯ 5000
3500 ◯ 3700
4280 ◯ 4270
6710 ◯ 6709

b) 1340 ◯ 1430
5917 ◯ 5971
6085 ◯ 6058
2004 ◯ 2040

c) 9718 ◯ 9817
3527 ◯ 3275
8404 ◯ 8044
5055 ◯ 5505

d) 3456 ◯ 3564
8899 ◯ 8989
2020 ◯ 2002
3303 ◯ 3303

2 >, < oder =?

a) 3T 7H ◯ 3T 8H
7T 4Z ◯ 7T 2Z
5T 9E ◯ 5T 8E
2T 6H ◯ 2T 9Z

b) 1200 + 3 ◯ 1200 + 8
5980 + 10 ◯ 6000 – 10
2070 + 100 ◯ 2000 + 100
7000 + 20 ◯ 6000 + 1000

c) 1200 + 3 ◯ 3000 + 400
8000 + 790 ◯ 8000 – 900
1000 + 307 ◯ 1000 + 320
6000 + 83 ◯ 6000 + 82

3 Ordne die Zahlen der Größe nach.

a) 1649, 7082, 4851, 6920 ___ ___ ___ ___

b) 2618, 2340, 2899, 2050 ___ ___ ___ ___

c) 5784, 5721, 5703, 5760 ___ ___ ___ ___

d) 3028, 13283, 3802, 3280 ___ ___ ___ ___

4 Bilde aus den Ziffernkärtchen die kleinste und die größte Zahl.

a) 5 2 3 4 ___ ___

b) 6 1 9 0 ___ ___

c) 7 7 2 8 ___ ___

d) 3 4 9 6 ___ ___

5 Setze die Zahlenfolgen fort.

3456	3466						3526
8465			8765	8865			
	2137	3137				7137	
		9300	9200				

6 Schwierige Zahlenfolgen

a) 1330, 1430, 1440, 1540, 1550, ___ 1880

b) 2010, 2020, 3020, 3030, 4030, ___ 7070

c) 9500, 8500, 8400, 7400, 7300, ___ 4000

d) 7690, 7660, 7657, 7627, 7624, ___ 7525

SB ► S. 20, 21

1 Subtrahiere von der Tausenderzahl.

a)

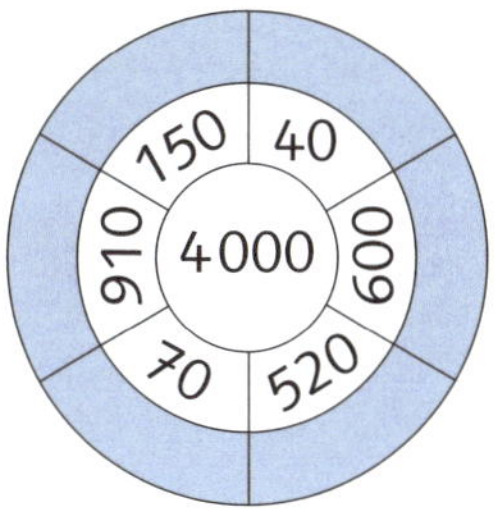

b)

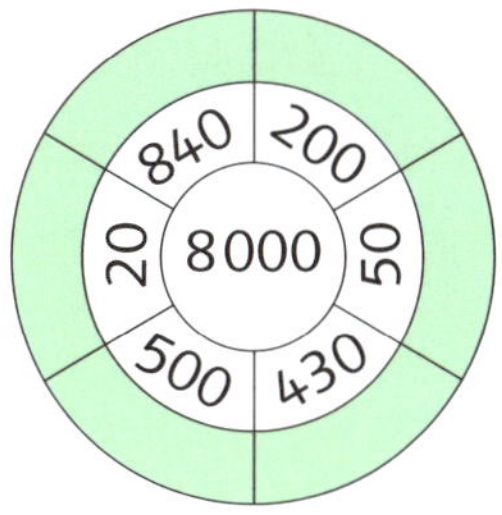

c)

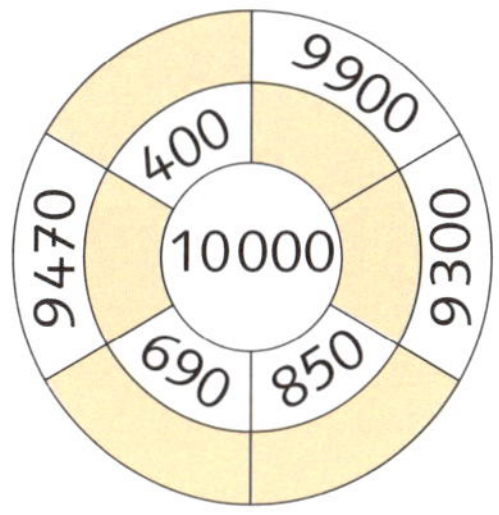

2 Finde das Lösungswort.

a)			b)			c)		
5730 + 240 =		Z	6390 – 360 =			6480 + 130 =		
8970 + 80 =			2940 – 520 =			9940 – 620 =		
3430 + 390 =			7520 – 410 =			5750 – 350 =		
4630 + 170 =			9850 – 640 =			8270 + 580 =		
6890 + 50 =			3430 – 250 =			6530 – 450 =		

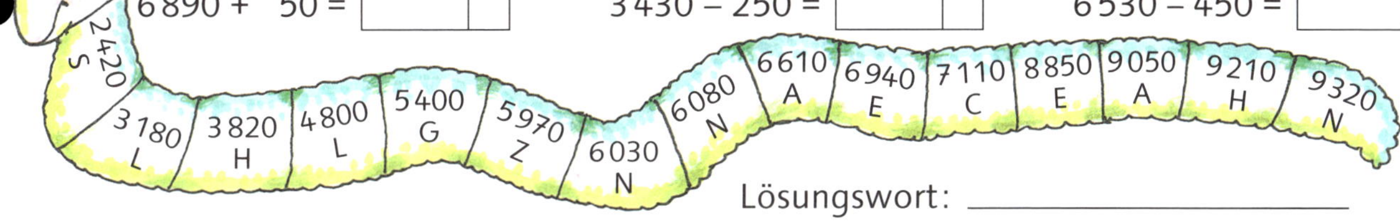

Lösungswort: ____________________

3 Rechne schriftlich. Rechne zur Kontrolle die Umkehraufgabe.

3726	3062	9631	5384	7245
+ 5639	+ 2918	– 4017	– 1846	– 6368

4 Ordne die Ergebnisse der Größe nach. Beginne mit der kleinsten Zahl.

2376	4209	6417	4248
1545	4173	742	2283
+ 3933	+ 1574	+ 1155	+ 632
U	O	T	A

8531	4850	8008	7262
– 4267	– 1845	– 5555	– 3443
N	E	R	N

Das Lösungswort heißt: ____________________

Schriftliche Addition und Subtraktion bis 10 000

1 Schreibe untereinander und rechne schriftlich.

a) 7348 + 1451 | 409 + 3857 | 3409 + 6512 | 1607 + 584 | 2053 + 4488

b) 7380 + 4230 | 6305 + 840 | 10 000 + 7005 | 7982 + 674 | 9206 + 6066

2 Im Kopf oder schriftlich?

a) 7405 + 455 = ____

5001 – 1541 = ____

2999 + 4037 = ____

6125 – 874 = ____

b) 4518 + 3098 = ____

6300 – 2700 = ____

4012 + 1077 = ____

8444 – 4222 = ____

3 Hier haben sich Fehler eingeschlichen. Finde sie und rechne richtig.

4381
+ 3826
8107

8613
– 2346
6347

?

4

a)

	5		8	7
+	2	4	1	2
		6	9	

	2	6	7	
+	6		2	4
		3	9	9

b)

	6	4	2	
–		1	0	7
	2	3		1

	9	5		3
–		4	8	
	7	0	8	1

5

a)

	4		5	8
+		9	2	
	5	9	8	2

		6	1	
+		3	7	3
	4		9	1

	3	6	4	3
+		2	3	
	6		7	4

b)

	7		7	
–		7	4	7
	2	7	2	7

	4		0	0
–	2	1	1	
		8	8	9

	5	0	8	2
–	1		8	5
		9		7

SB ► S. 25–27

Sachaufgaben: Lösungshilfe Streifenmodell

1 Ein Konzertveranstalter rechnet mit dem Verkauf von 10 000 Karten. Bisher wurden 4 389 Parkettplätze, 3 928 Balkonplätze und 1 373 Rangplätze verkauft. Vervollständige die Lösungshilfe.

Frage: ______________________________

Lösungshilfe:

Rechnung:

Antwort: ______________________________

2 Familie Reisig fuhr für 14 Tage an die Ostsee in den Urlaub. Bei der Abfahrt zeigte der Kilometerzähler ihres Wagens 7 789 km. Nach der Reise stand der Kilometerzähler auf 9 678 km. Die Entfernung von zu Hause zum Urlaubsort betrug 756 km. Vervollständige die Lösungshilfe.

Frage: ______________________________

Lösungshilfe:

Rechnung:

Antwort: ______________________________

3 Herr Meisner hat 6 623 € auf seinem Sparkonto. Mit diesem Geld will er sich sein Wohnzimmer neu einrichten. Was kann er sich kaufen? Berechne verschiedene Möglichkeiten. Überschlage vorher im Kopf.

3 899,–

2 979,–

1 488,–

969,–

587,–

Körperformen und ihre Ansichten

1 Streiche durch, was nicht der Körperform entspricht.

~~Schuhschachtel~~ Spielewürfel Butter Notizblock 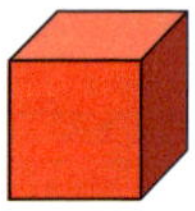 Kreisel Tafelschwamm Hefewürfel	Hefewürfel Koffer Trichter Paket Gurkenglas 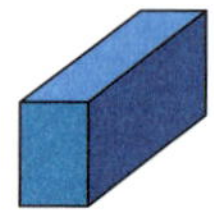 Nudelholz Schuhschachtel Tafelschwamm
Eiswürfel Trichter Bleistift Eistüte 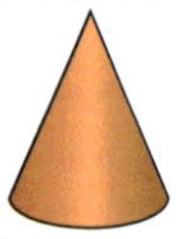 Kreisel Kaffeedose Schultasche Paket	Eisenrohr Kaffeedose Strohhalm Nudelholz  Erbsendose Paket Koffer Kiste Trichter

2 Bestimme die Sichtweisen. Von welcher Seite siehst du die Autos?

a) von ____________

b) ____________

c) ____________

d) ____________

e) ____________

f) ____________

3 Zeichne

a) einen Kegel von unten.

b) eine Pyramide von oben.

c) einen Zylinder von vorne.

d) einen Würfel von links.

e) einen Quader von vorne.

f) einen Quader von rechts.

4 Zeichne das Modell von jeder Seite.

von vorne | von hinten | von links | von rechts | von oben

SB ► S. 34, 35

Wege am Kantenmodell, Kippbewegungen am Quader

1 Die Spinne soll entlang von vier Kanten zum Netz laufen.
Zeichne drei Möglichkeiten rot ein.

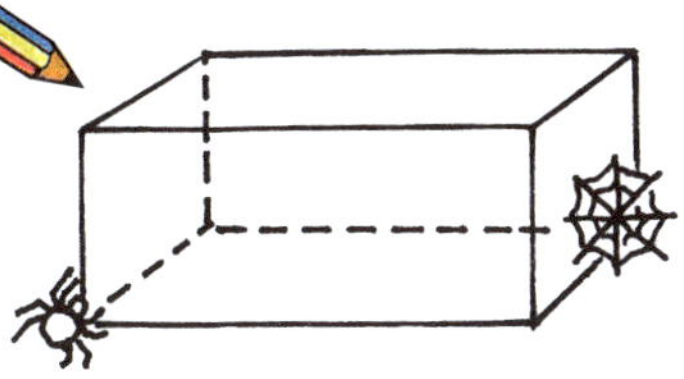
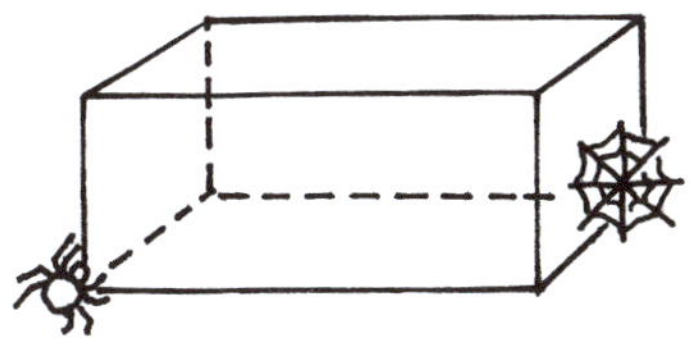
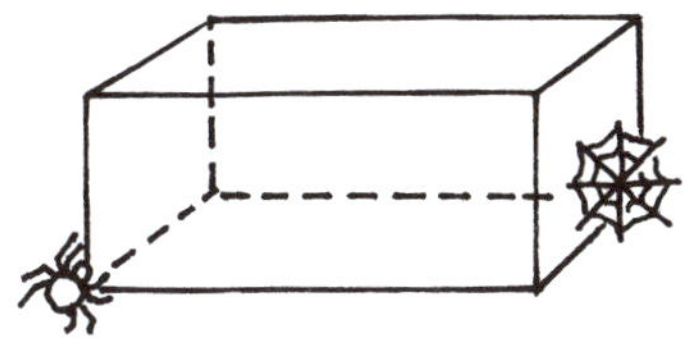

2 Die Spinne hat viele Möglichkeiten, zu ihrem Netz zu gelangen.
Zeichne die Wege in verschiedenen Farben ein.

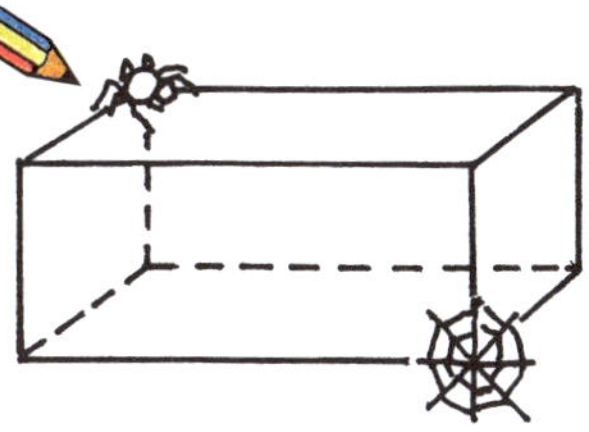
3 Kanten

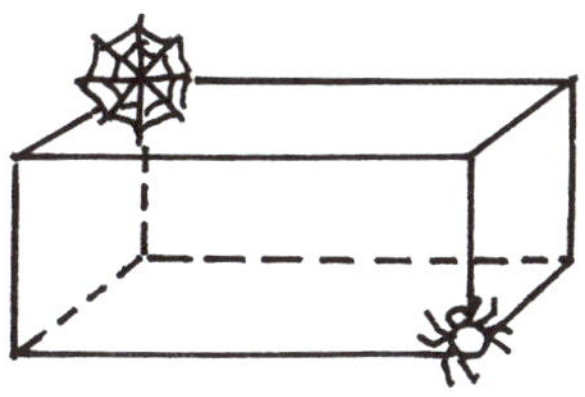
5 Kanten

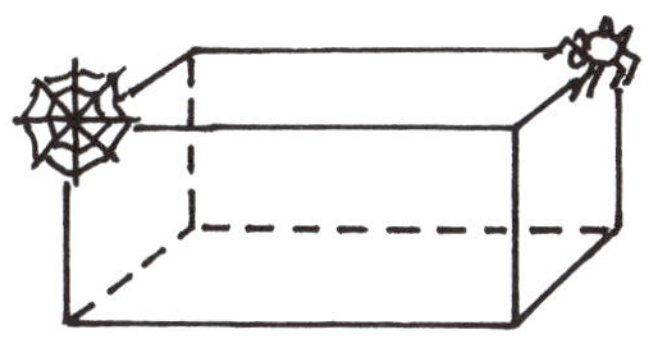
6 Kanten

3 Diese Schachtel wird einmal gekippt.

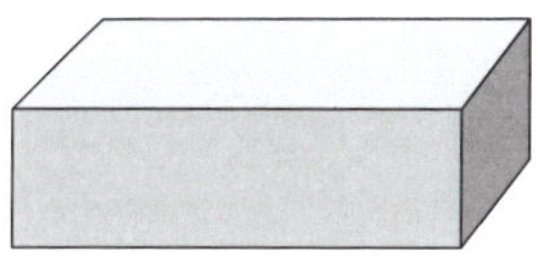

a) Zeichne auch die Lage nach den weiteren Kippbewegungen ein:
nach unten – nach rechts – nach rechts – nach oben – nach rechts

b) Kippe die Schachtel weiter:
nach links – nach oben – nach oben – nach links – nach links – nach unten

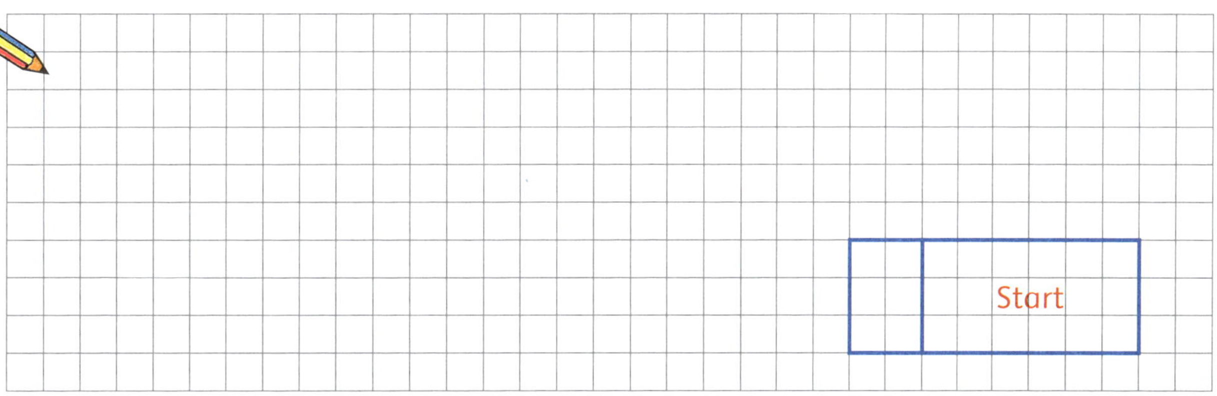

1 a) Welche Quadernetze sind richtig? Kreuze sie an.

b) Male gegenüberliegende Flächen der korrekten Netze mit der gleichen Farbe aus.

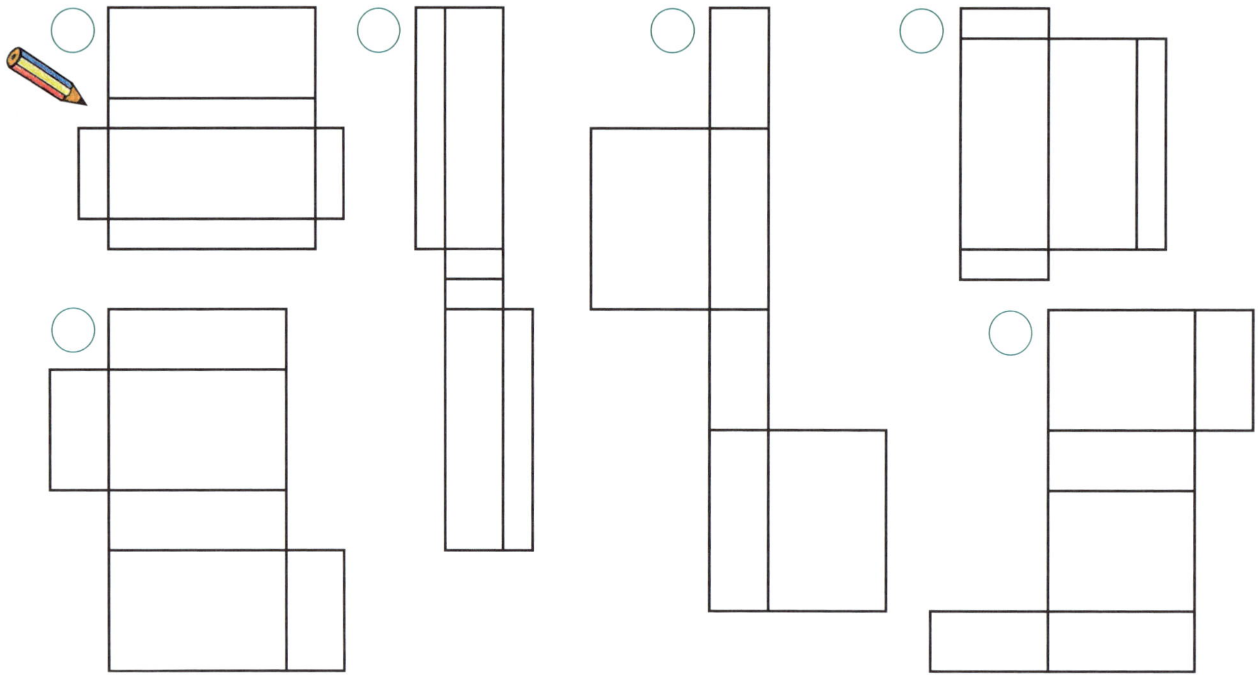

2 Vervollständige die Quadernetze und male gegenüberliegende Flächen mit der gleichen Farbe aus.

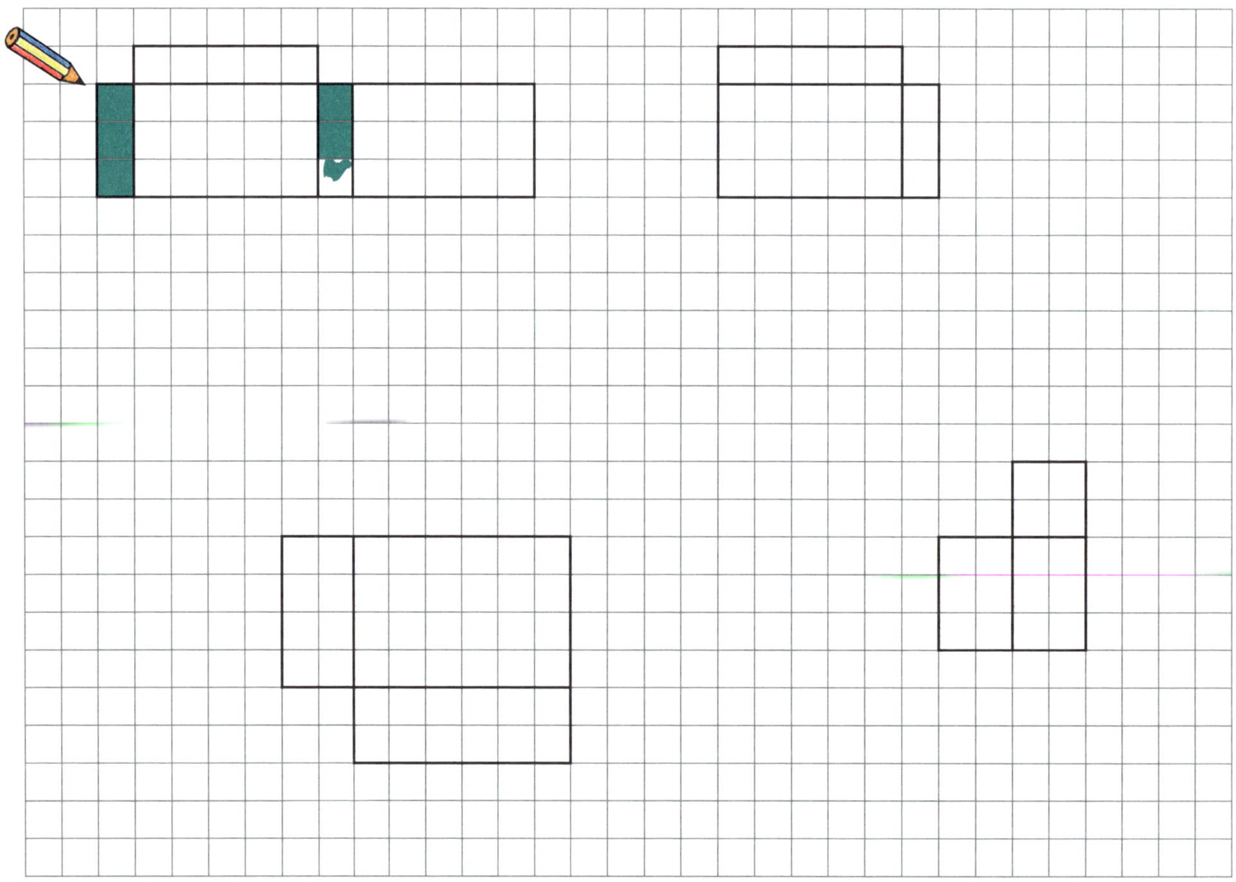

SB ► S. 39, 40

Kopfgeometrie

1 Male die Kanten, die beim Falten aneinander stoßen, in der gleichen Farbe an.

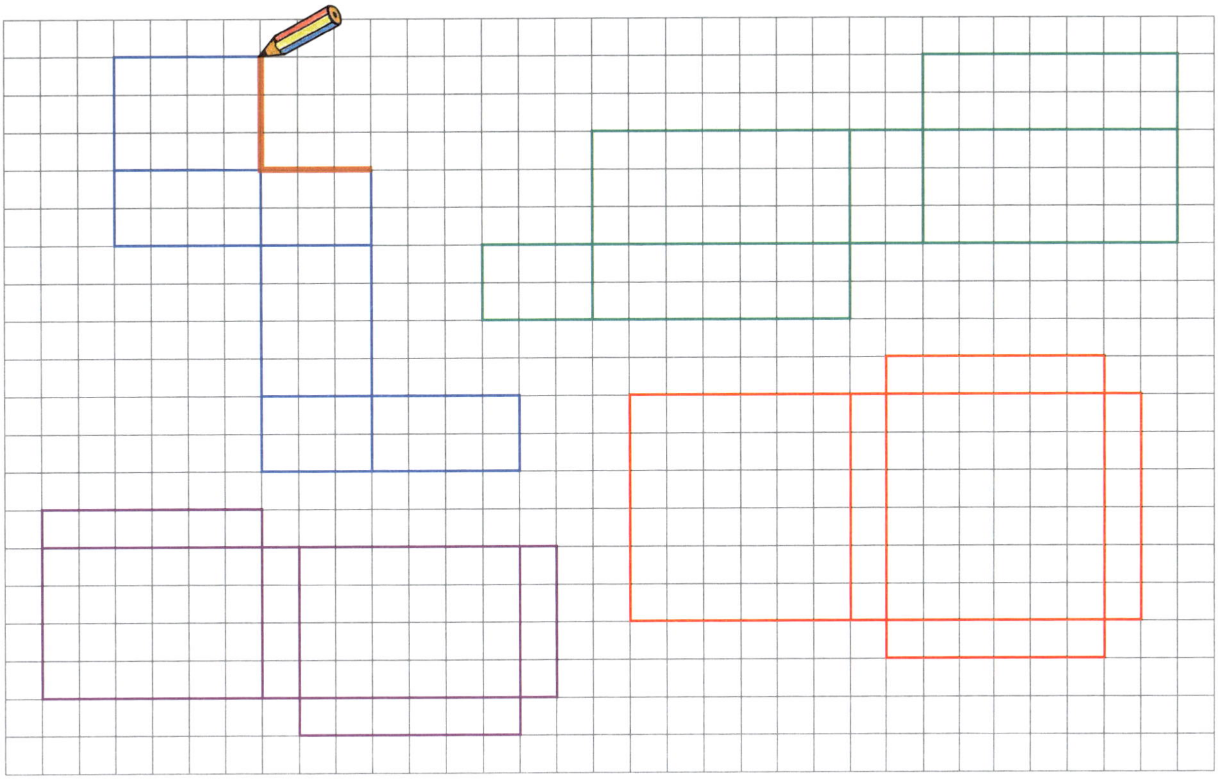

2 Die Schachtel hat gefärbte Ecken.
Male die Ecken der aufgeklappten Schachtel in der richtigen Farbe an.
Schräg gegenüberliegende Ecken haben die gleiche Farbe.
G = Grundfläche

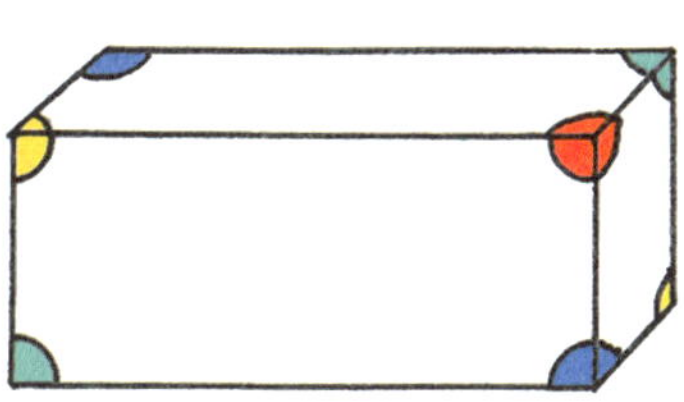

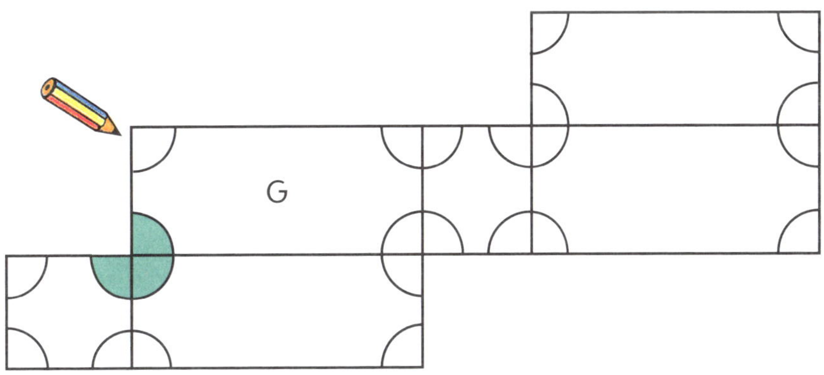

3 Uli lässt sein Floß im Wasser schwimmen.
Male in den Netzen die nassen Teile blau an.

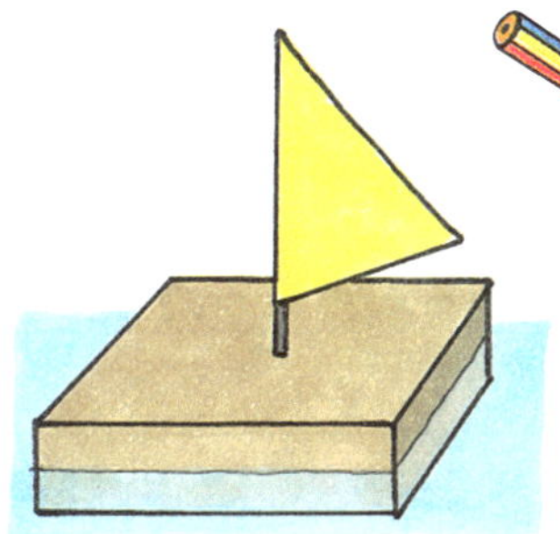

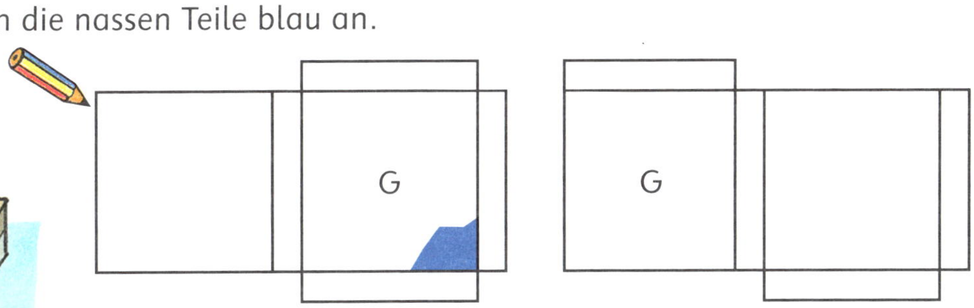

Zahlen bis 100 000 in der Stellenwerttabelle

1 Trage in die Stellenwerttabelle ein.

a)

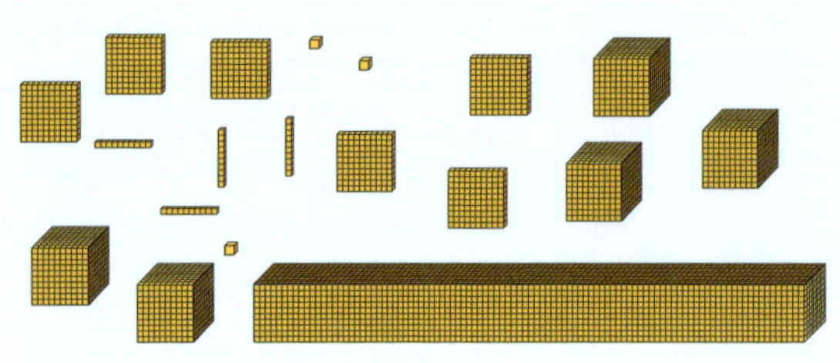

HT	ZT	T	H	Z	E

Zahl:

b)

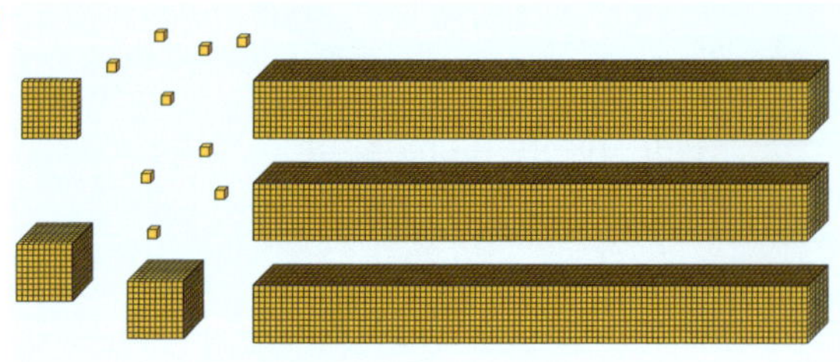

HT	ZT	T	H	Z	E

Zahl:

2 Wie heißen die Zahlen?

a)

HT	ZT	T	H	Z	E		Zahl
						←	12 736
	2	7	3	0	1	→	
						←	44 025
	7	6	9	0	0	→	
						←	39 040

b)

	Zahl
1**ZT** + 2**T** + 1**H** + 7**Z** + 9**E**	
	47 783
9**ZT** + 7**H** + 5**Z** + 8**E**	
	65 058
5**ZT** + 9**T** + 2**H** + 4**E**	

3 Fasse zusammen oder zerlege.

a)

10 000 + 3 000 + 200 + 7	→	
	←	84 602
70 000 + 300 + 60 + 9	→	
	←	40 208
20 000 + 7 000 + 500	→	
	←	39 005

b)

21 147	→	
	←	30 000 + 8 000 + 50 + 7
51 093	→	
	←	90 000 + 2 000 + 8
60 909	→	
	←	40 000 + 6

4 Was gehört zusammen? Male mit der gleichen Farbe aus.

40 000 + 6 000 + 900 + 2	10 000 + 4 000 + 500 + 80 + 6	40 000 + 3 000 + 900 + 20	10 000 + 4 000 + 500 + 60 + 8
vierzehntausend-fünfhundert-achtundsechzig	dreiundvierzig-tausend-neunhundertzwanzig	sechsundvierzig-tausend-neunhundertzwei	vierzehntausend-fünfhundert-sechsundachtzig
ZT 1, H 5, T 4, Z 6, E 8	ZT 4, H 9, T 6, E 2	T 3, ZT 4, H 9, Z 2	Z 8, ZT 1, T 4, H 5, E 6
46 902	14 568	43 920	14 586

Zahlenstrahl, Nachbarzahlen, vergleichen und ordnen

1 Verbinde die Zahlen mit dem Zahlenstrahl und trage die fehlenden Zahlen ein.

a)
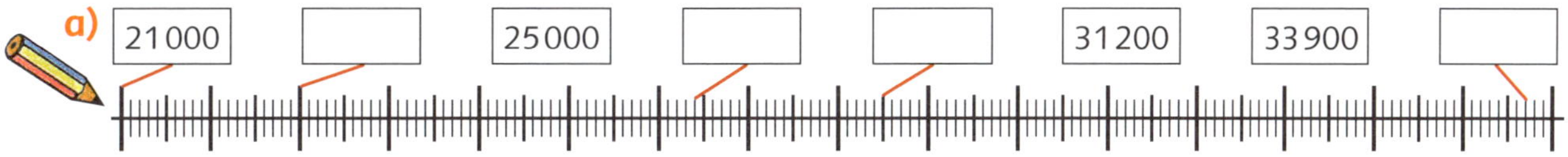

b)
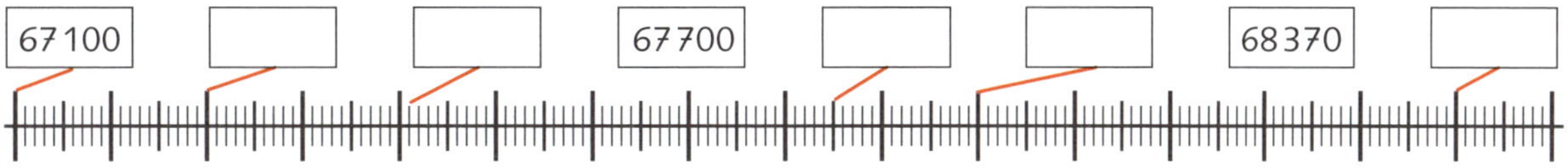

2 Finde die Nachbarzahlen.

a) Nachbarzehntausender

	Zahl	
10 000	16 288	20 000
	23 537	
	17 298	
	94 876	
	55 479	

b) Nachbarzehntausender

	Zahl	
	41 760	
	30 954	
	27 713	
	65 784	
	98 009	

c) Nachbartausender

	Zahl	
	12 361	
	54 711	
	81 492	
	95 046	
	99 538	

d) Nachbarhunderter

	Zahl	
	21 438	
	64 153	
	18 905	
	70 020	
	43 998	

e) Nachbarzehner

	Zahl	
	51 804	
	75 739	
	13 490	
	38 998	
	92 005	

f) Vorgänger/Nachfolger

	Zahl	
	24 001	
	67 890	
	46 999	
	81 004	
	53 000	

3 Ordne der Größe nach.

a)

b)

c)

a) ______________________________

b) ______________________________

c) ______________________________

4 >, < oder =?

a) 23 000 ◯ 48 000
15 000 ◯ 15 100
56 800 ◯ 52 600

b) 42 700 ◯ 42 500 + 300
93 210 ◯ 93 400 – 190
37 650 ◯ 37 500 + 250

c) 64 320 – 90 ◯ 64 215 + 20
27 510 + 40 ◯ 27 530 – 40
71 470 – 80 ◯ 71 370 + 20

Zahlenfolgen, Zahlen runden

1 Zähle in Tausenderschritten.

a) 45000, ______________________________ 52000

b) 77000, ______________________________ 84000

c) 44000, ______________________________ 37000

2 Setze die Zahlenfolgen fort.

a) 23000, 26000, 29000, ______________________ 44000

b) 77000, 70000, 63000, ______________________ 28000

c) 19994, 19996, 19998, ______________________ 20008

d) 80040, 80030, 80020, ______________________ 79970

3 Schwierige Zahlenfolgen

a) 22000, 23000, 25000, 28000, 32000, ______________ 67000

b) 50000, 60000, 55000, 65000, 60000, ______________ 80000

c) 20041, 25041, 25036, 30036, 30031, ______________ 45021

d) Überlege dir eine schwierige Zahlenfolge. Starte bei der Zahl 41300.

____

4 Runde die Zahlen.

Zahl	≈	Zehntausender	Tausender	Hunderter	Zehner
16729	≈				
34691	≈				
68995	≈				
81074	≈				
96482	≈				

5 Runde die Einwohnerzahlen auf 10000 und stelle sie in einem Säulendiagramm dar.

Stadt	Einwohner	gerundet
Starnberg	23034	
Landshut	62629	
Passau	50741	
Kulmbach	27202	
Bayreuth	73097	
Memmingen	41021	
Rosenheim	60674	

Stand: 31.12.2007

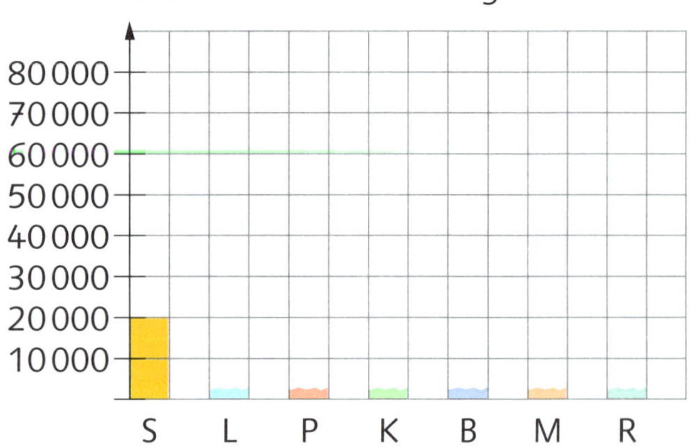

SB ► S. 47, 48

Addition und Subtraktion bis 100 000

1 Finde das Lösungswort.

a)
43 000 + 8 000 = ☐ ☐
79 000 + 4 000 = ☐ ☐
31 000 + 12 000 = ☐ ☐
49 000 + 17 000 = ☐ ☐
25 000 + 24 000 = ☐ ☐
37 000 + 31 000 = ☐ ☐

b)
59 000 – 4 000 = ☐ ☐
59 000 – 40 000 = ☐ ☐
59 000 – 44 000 = ☐ ☐
85 000 – 12 000 = ☐ ☐
85 000 – 4 000 = ☐ ☐
85 000 – 9 000 = ☐ ☐

15 000 Ü	19 000 R	43 000 C	49 000 E	51 000 W	55 000 B
66 000 K	68 000 L	73 000 C	76 000 E	81 000 K	83 000 A

2 **a)**

+	700		20 400
16 400			
2 300		4 600	
38 100			

2 300, 3 000, 17 100, 18 700, 22 700, 34 700, 36 800, 38 800, 40 400, 58 500

b)

–	800		5 400
33 400			
16 700			
8 200		2 100	

2 800, 6 100, 7 400, 10 600, 11 300, 15 900, 21 600, 27 300, 28 000, 32 600

3

Wenn ich von meiner Zahl 27 000 subtrahiere, erhalte ich das Doppelte von 26 000.

R: ______________________

A: *Die Zahl heißt* ______________________

Ich zähle zur Zahl 43 000 die Differenz der Zahlen 98 000 und 63 000 dazu.

R: ______________________

A: *Die Zahl heißt* ______________________

4 Schreibe untereinander und addiere schriftlich.

a) 32 193 + 21 543 **b)** 7 630 + 19 420 **c)** 398 + 74 651 **d)** 26 810 + 493

27 050, 27 303, 53 673, 53 736, 75 049

5 Rechne. Überprüfe auf dem Block mit der Umkehraufgabe.

a)
```
  36495
– 21352
```
b)
```
  63271
– 50734
```
c)
```
  51394
–  6235
```
d)
```
  64207
– 14143
```

1 Eine Autofabrik fertigte bisher 8500 Luxusautos, 27800 Mittelklassewagen und 55137 Kleinwagen an.

a) Bis zum Ende des Jahres sollen insgesamt 100000 Autos hergestellt werden.
Frage: Wie viele Autos müssen noch hergestellt werden?

Lösungshilfe:

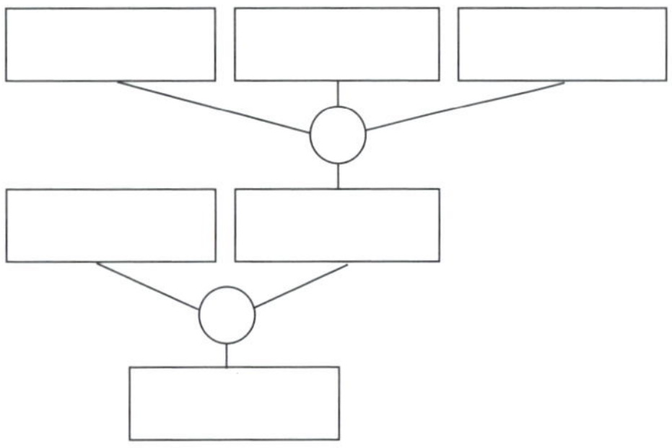

Rechnung:

Antwort: ____________________

b) Bis zum Ende des Jahres werden nur 7547 Autos hergestellt.
Überlege dir eine mögliche Verteilung auf die verschiedenen Klassen.

Luxusautos ____________________

Mittelklassewagen ____________________

Kleinwagen ____________________

2 Ein Autohändler hat für den Kauf von mehreren Autos 85200 € zur Verfügung. Er kauft je ein Auto zu 15400 €, zu 25200 € und zu 32700 €. Er überlegt, ob er noch ein Auto im Wert von 13400 € erwerben kann.

Frage: ____________________

Lösungshilfe:

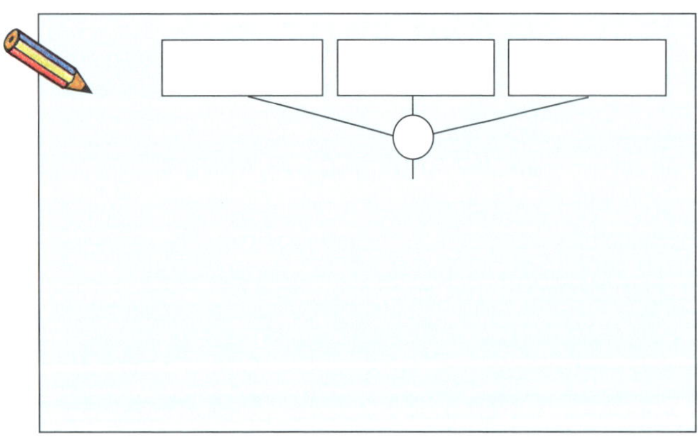

Rechnung:

Antwort: ____________________

Mit Würfeln bauen

1 **a)** Wie viele Würfel benötigst du, um die Körper zu bauen?

A B C D E

b) Schreibe zu jedem Körper den Bauplan.

2 Jedes Kind sieht das Bauwerk von einer anderen Seite.
Schreibe die verschiedenen Baupläne.

Leon

3 Beantworte für jede Schachtel immer alle vier Fragen.

a) Wie viele Würfel befinden sich in jeder Schachtel?

b) Wie viele Würfel sind nicht sichtbar?

c) Wie viele Würfel passen noch in jede Schachtel?

d) Wie viele Würfel sind dann in der gefüllten Schachtel?

A

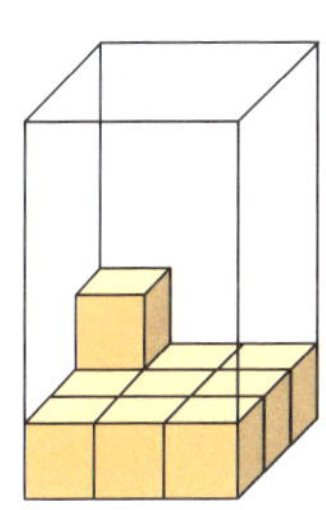

a) b) c) d)

B

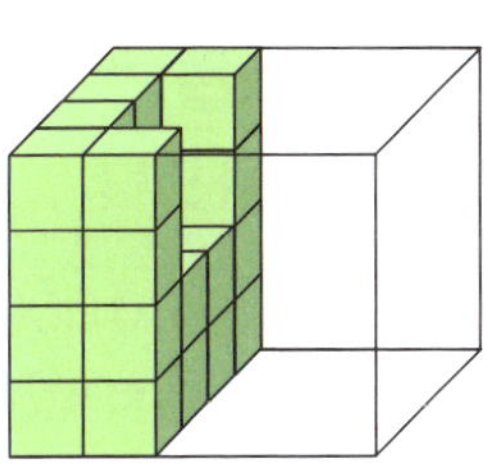

a) b) c) d)

C

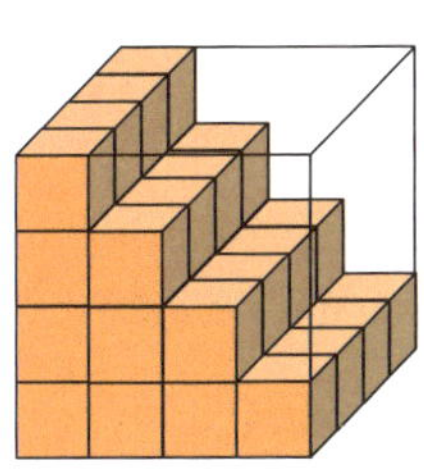

a) b) c) d)

D

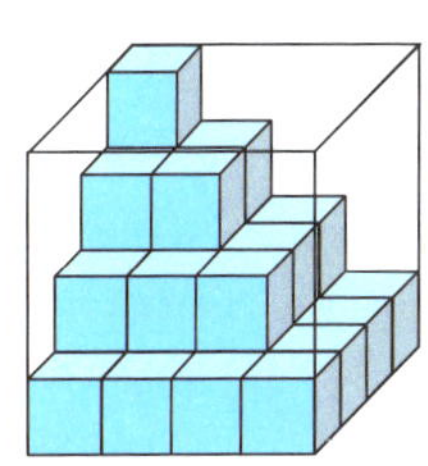

a) b) c) d)

Zahlen bis 1 000 000 in der Stellenwerttabelle

1 Trage in die Stellenwerttabelle ein.

a)

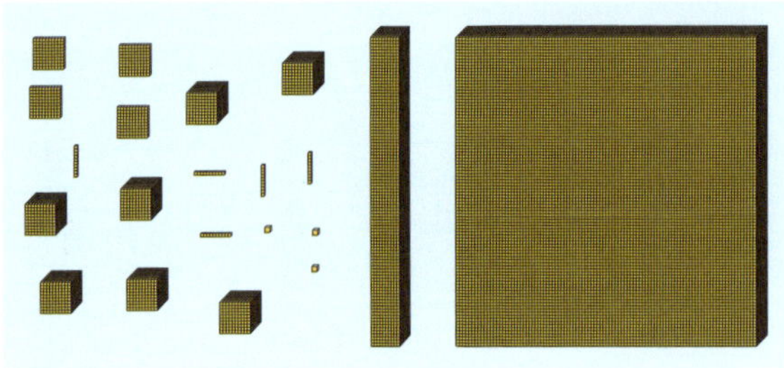

M	HT	ZT	T	H	Z	E

Zahl:

b)

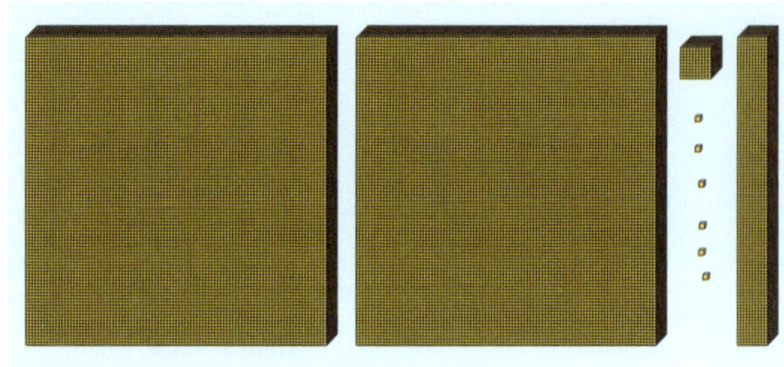

M	HT	ZT	T	H	Z	E

Zahl:

2 Wie heißen die Zahlen?

a)

M	HT	ZT	T	H	Z	E		Zahl
							←	132 836
	2	5	7	1	0	1	→	
							←	454 005
	7	0	2	9	0	0	→	
							←	816 070
	9	9	0	0	2	4	→	

b)

	Zahl
3**HT** + 8**ZT** + 3**T** + 1**H** + 7**Z** + 2**E**	
	147 703
6**HT** + 9**ZT** + 8**H** + 8**Z** + 8**E**	
	461 050
9**HT** + 9**T** + 2**H** + 1**Z** + 4**E**	
	700 009

3 Fasse zusammen und zerlege.

	←	500 000 + 20 000 + 300 + 80 + 9
220 106	→	
	←	300 000 + 8 000 + 90 + 4
301 003	→	
	←	900 000 + 5 000 + 2
860 700	→	

4 Bilde möglichst viele sechsstellige Zahlen.

9 1 0 4 0 8

910 408, ________________

____

____

____

5 Was gehört zusammen? Male mit der gleichen Farbe aus.

H 5, HT 4, Z 7, E 3, T 1	E 4, Z 5, HT 1, H 7, T 3, ZT 9	ZT 3, Z 4, H 7, T 9, E 5, HT 1	T 1, H 5, E 7, HT 4, Z 3
401 537	139 745	193 754	401 573
400 000 + 1 000 + 500 + 30 + 7	100 000 + 90 000 + 3 000 + 700 + 50 + 4	400 000 + 1 000 + 500 + 70 + 3	100 000 + 30 000 + 9 000 + 700 + 40 + 5

1 Verbinde die Zahlen mit dem Zahlenstrahl und trage die fehlenden Zahlen ein.

a)
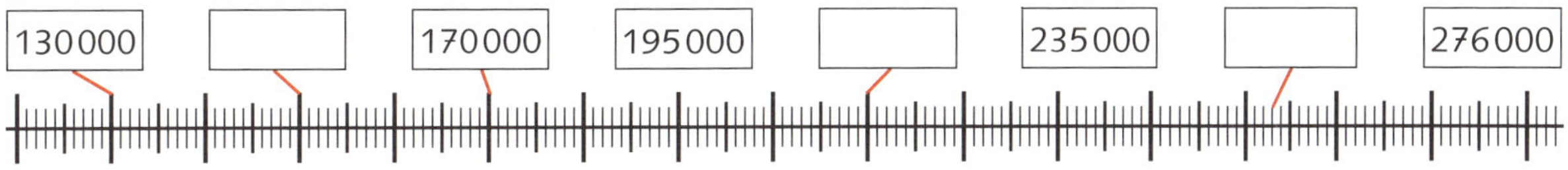

b)
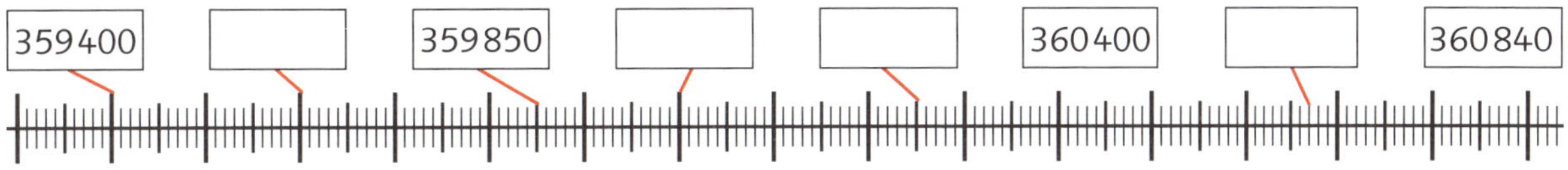

2 Zähle in Zehntausenderschritten.

a) 170 000, ______ 230 000

b) 368 000, ______ 428 000

c) 457 200, ______ 517 200

d) 781 304, ______ 841 304

3 Setze die Zahlenfolgen fort.

a) 133 000, 136 000, 139 000, ______ 154 000

b) 587 000, 580 000, 573 000, ______ 538 000

c) 941 960, 941 970, 941 980, ______ 942 030

4 Schwierige Zahlenfolgen

a) 30 000, 60 000, 120 000, ______

b) 800 000, 400 000, 200 000, ______

c) 650 300, 690 300, 690 400, 730 400, 730 500, ______

5

a) Nachbarhunderttausender

	Zahl	
100 000	120 288	
	230 537	
	617 298	
	959 024	
	725 409	

b) Nachbarzehntausender

	Zahl	
	431 760	
	338 054	
	274 130	
	575 844	
	998 029	

c) Nachbartausender

	Zahl	
	112 361	
	547 191	
	804 920	
	650 625	
	399 238	

6 Zahlenrätsel

a) Meine Zahl ist der kleinere Nachbarzehntausender von 678 312. Lösung: ______

b) Meine Zahl ist der größere Nachbartausender von 324 902. Lösung: ______

Addition und Subtraktion bis 1 000 000

1

a) + 30 000 →

400 000	
430 000	
456 000	

b) – 70 000 →

970 000	
990 000	
985 000	

c) – 25 000 →

525 000	
575 000	
550 000	

2 Male die Felder mit den Ergebnissen aus.

250 000 + 70 000 = ____________

830 100 – 30 000 = ____________

546 000 – 14 000 = ____________

390 607 + 20 000 = ____________

700 000 – 45 000 = ____________

999 999 – 60 000 = ____________

830 000	420 607	700 400
	320 000 / 655 000	
532 000		410 607
700 412		530 000
	939 999 / 800 100	
900 999	650 000	322 000

3 Fasse geschickt zusammen.

a) 45 000 + 55 000 + 55 000 + 45 000 + 45 000 + 55 000 = ____________

b) 15 000 + 80 000 + 85 000 + 36 000 + 20 000 + 64 000 = ____________

4 Die Quersumme der Ergebnisse ist immer 33.

a)

	5	4	9	8	7	4
+	4	2	8	6	5	7

b)

	6	3	0	5	1	5
+	3	2	1	4	5	7

c)

	1	8	0	9	2	7
+	6	7	2	8	6	4

d)

	7	6	0	4	7	8
–	2	9	2	1	9	3

e)

	9	2	4	7	0	8
–	4	6	0	9	2	3

f)

	4	9	6	9	7	0
–	2	1	8	0	4	5

5 Die Summe aller Ergebnisse ist 1 000 000.

a)

	1	2	5	7	1	4
	1	3	3	1	8	0
+		7	5	3	1	7

b)

	2	7	5	7	9	5
		3	6	4	7	9
+	1	8	3	5	4	9

c)

	8	0	0	7	1	5
–	7	6	3	4	2	8

d)

	7	2	2	0	1	9
–	5	8	9	3	4	0

Ergebnisse:

a)							
b)							
c)							
d)							

Sachaufgaben: Hausbau

1 Zwei Häuser werden zum Kauf angeboten. Berechne die Kosten und vergleiche.

Haus „Isar“	226 340 €
Garage	8 500 €
Grundstück	87 916 €

Haus „Donau“	248 490 €
Grundstück	97 473 €

Kosten Haus „Isar“:

Kosten Haus „Donau“:

Unterschied:

Antwort: ____

2 Wie viel kosten die Häuser ungefähr?
Immer ein genauer und ein gerundeter Preis gehören zusammen.
Male mit der gleichen Farbe aus.

Preis: 145 897 €

Preis: 214 879 €

Preis: 289 499 €

Preis: 137 870 €

Preis: 134 980 €

Preis: 281 698 €

Preis: 587 976 €

Preis: 498 587 €

Das sind rund	600 000 €	500 000 €	130 000 €	200 000 €
	280 000 €	140 000 €	300 000 €	150 000 €

3 Runde die Preise der Häuser.

Preis	≈	Tausender	Zehntausender	Hunderttausender
145 897 €	≈			
214 879 €	≈			
289 499 €	≈			
137 870 €	≈			
134 980 €	≈			
281 698 €	≈			
587 976 €	≈			
498 587 €	≈			

Schaubilder und Diagramme: Einwohnerzahlen

1 Am 31. 12. 2007 hatte Nürnberg 503 110 Einwohner.
Vergleiche mit folgenden Städten:

a) Augsburg 262 992 b) Regensburg 132 495 c) Landshut 62 629 d) Passau 50 741

2 a) Fülle die Tabelle aus und stelle die Zahlen in einem Schaubild dar.
Dabei gilt: 100 000 Einwohner = , 10 000 Einwohner = 

b) Nummeriere die Städte der Größe nach von 1 bis 9.

Stadt	Einwohner	Gerundet auf ZT	Schaubild	
Augsburg (A)				1
Regensburg (R)				
Landshut (LA)				
Passau (PA)				
Ingolstadt (IN)	123 317			
Straubing (SR)	53 798			
Würzburg (WÜ)	135 212			
Erlangen (ER)	104 650			
Bamberg (BA)	69 884			

3 Erstelle zu den Einwohnerzahlen der Städte ein Säulendiagramm.

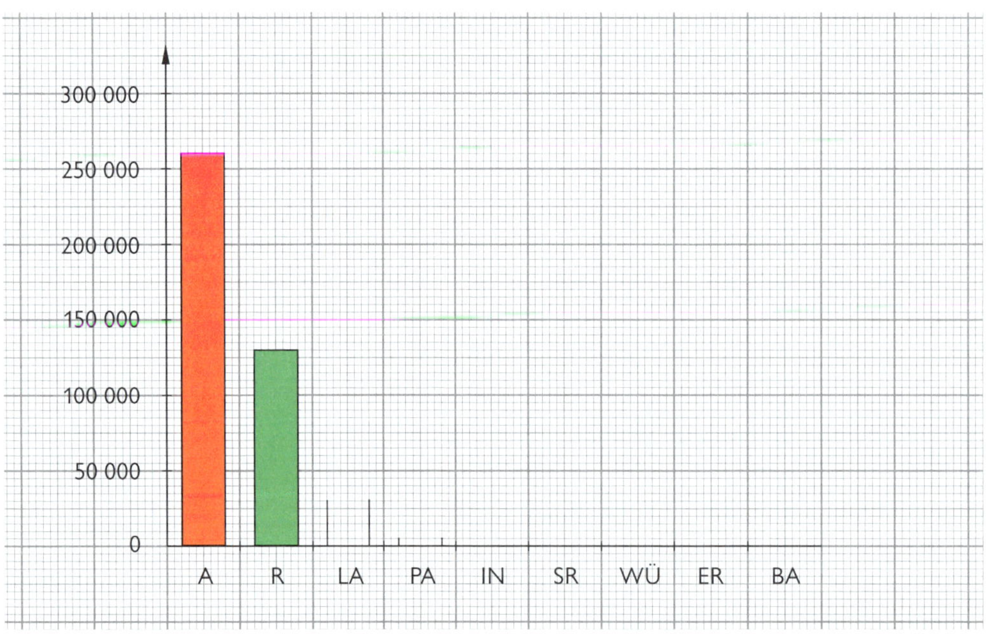

Längen

1 Tim bindet zu Beginn des Schuljahres mit seiner Mutter das neue Mathematikbuch ein.

Berechne Länge und Breite der Folie, wenn sie an jeder Seite des Buches 3 cm überstehen soll.

Skizze:

Länge: ____________________

Breite: ____________________

2 Wandle um.

537 cm			205 cm		62 cm		190 cm
5 m 37 cm	1 m 92 cm			4 m 4 cm			
5,37 m		8,46 m				3,8 m	

3 Ordne die Längenangaben.

2,471 km | 741 m | 4 km 14 m | 2,07 km | 0,714 km | $4\frac{1}{2}$ km

_______ < _______ < _______ < _______ < _______ < _______

4 In einem LKW werden Melonen von Spanien nach Deutschland transportiert. Die Fahrstrecke beträgt 1980 km. Es wechseln sich zwei Fahrer ab. Der erste Fahrer ist bereits 476 km gefahren, der zweite 512 km. Wie viele km muss jeder noch am Steuer sitzen, wenn sie die restliche Strecke jeweils zur Hälfte fahren möchten?

Rechnung:

Antwort: ____

1 Male gleiche Gewichtsangaben in derselben Farbe aus.

1268 g	578 g	5 kg 700 g	0,978 kg	500 g	$\frac{1}{2}$ kg
0,500 kg	5700 g	5,700 kg	5007 g	5,007 kg	1,268 kg
1 kg 268 g					

2 Simones Hamster frisst am Tag durchschnittlich 30 g Trockenfutter.
In einer Packung Trockenfutter befinden sich 450 g.
Reicht der Inhalt für zwei Wochen?

Rechnung:

Antwort: ______________________________

3 Ergänze.

2,8 t + ___200 kg___ = 3 t

6,798 t + ______________ = 7 t

4,3 t + ______________ = 8 t

3048 kg + ______________ = 6 t

5 t 26 kg + ______________ = 9 t

4 <, > oder =?

5 kg + 388 g	◯	6 kg − 700 g
3 t + 572 kg	◯	10 t − 6 t 428 kg
7 kg − 500 g	◯	6 kg + $\frac{1}{2}$ kg
1,4 kg + 400 g	◯	1500 g + 0,4 kg
4,1 t − 200 kg	◯	$\frac{1}{2}$ t + 3260 kg

5 Ein Lastwagen wird mit 3,078 t Kies beladen. Insgesamt beträgt das Gesamtgewicht des Lastwagens 5,664 t. Der Fahrer wiegt 84 kg, der Beifahrer 92 kg.

Frage: ______________________________

Rechnung:

Antwort: ______________________________

6 Ordne die Gewichtsangaben.

3,470 kg | 788 kg | 3 t 74 kg | 7,88 t | 3007 kg | $3\frac{1}{2}$ t

________ < ________ < ________ < ________ < ________ < ________

Zeitpunkt und Zeitdauer

1 Wie viel Zeit ist vergangen?

Abfahrt — Ankunft

Zeitdauer

Zeitpunkt ______ → Zeitpunkt ______

Abfahrt	Dauer	Ankunft
18:13	32 min	
22:29		23:58
	1 h 12 min	16:05
4:59	2 h 3 min	
7:14		10:08
12:08		14:03

2 Zeichne die Zeiger ein. Wie viel Zeit ist jeweils vergangen?
Berechne die Gesamtzeitdauer.

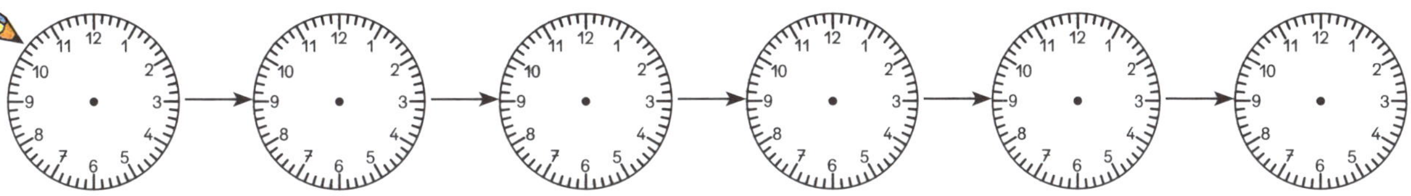

3:00 → 8:45 → 9:10 → 11:05 → 14:25 → 21:00

5 h 45 min				

Gesamtzeitdauer: ______

3 **a)** Familie Schneider will möglichst schnell mit dem Zug von Passau nach Plattling fahren.
Sie starten um ______ Uhr.

b) Es gibt zwei Möglichkeiten, von Plattling nach Regensburg zu fahren. Vergleiche die beiden Fahrzeiten.
Der Unterschied beträgt ______ min.

c) Lies den Fahrplan genau und fülle die Tabelle aus.

Zug	E 3474	EC 20	E 6428
Passau Hbf.	12:20	13:12	13:18
Vilshofen	12:36	↓	13:34
Osterhofen	12:46	↓	13:44
Plattling	12:54	13:41	13:54
Straubing	13:20	↓	
Radldorf	13:26	↓	
Sünching	13:32	↓	
Obertraubling	13:43	↓	
Regensburg Hbf.	13:50	14:19	

Zug ______	Zug ______	Zug ______	Zug ______	Zug ______	Zug ______
Passau	Passau		Passau	Passau	
34 min	1 h 12 min	30 min			10 min
Plattling		Regensburg	Plattling	Plattling	

Multiplikation mit Vielfachen von 10

1 a) 13 · 10 = ____
13 · 100 = ____
13 · 1 000 = ____
13 · 10 000 = ____

b) 92 · 100 = ____
92 · 10 = ____
92 · 1 000 = ____
92 · 10 000 = ____

c) 184 · 1 000 = ____
184 · 10 = ____
184 · 10000 = ____
184 · 100 = ____

2 a) 5 → ·8 000 → ____; 5 → ·8 → ____ → ·1 000

b) 9 → ·30 000 → ____; 9 → ____ → ____

c) 6 → ·6 000 → ____; 6 → ____ → ____

3 a) 5 · 6 = ____
5 · 60 = ____
5 · 600 = ____
5 · 6 000 = ____
5 · 60 000 = ____

b) 7 · 400 = ____
7 · 40 000 = ____
7 · 4 = ____
7 · 40 = ____
7 · 4 000 = ____

c) 8 · 30 = ____
8 · 3 = ____
8 · 3 000 = ____
8 · 300 = ____
8 · 30 000 = ____

4 a)

·	40	400	4 000
7			
3			
9			
6			
8			

b)

·	600	6 000	60 000
	3 000		
8			
		24 000	
10			
			420 000

5 a) 7 · 80 = ____
70 · 800 = ____
70 · 80 = ____
7 · 8 = ____
700 · 80 = ____

b) 50 · 300 = ____
500 · 30 = ____
50 · 3 000 = ____
5 · 3 000 = ____
5000 · 3 = ____

c) 900 · 700 = ____
9 000 · 70 = ____
90 000 · 7 = ____
90 · 7 000 = ____
900 · 70 = ____

6 a) 5 · 1 000 = ____
6 · 500 = ____
3 · 20 = ____
2 · 3 000 = ____
7 · 40 000 = ____

b) 4 · 600 = ____
9 · 60 = ____
7 · 60 000 = ____
8 · 700 = ____
5 · 8 000 = ____

c) 80 · 20 = ____
2 · 70 000 = ____
50 · 90 = ____
7 · 80 = ____
90 · 3 000 = ____

SB ► S. 72

Halbschriftliches Multiplizieren

1 Der Elektromarkt bestellt neue Ware.

a) 4 Fernseher zu je 849 €
b) 2 Fernseher zu je 983 €
c) 6 Blu-ray-Player zu je 429 €
d) 5 Spielekonsolen zu je 334 €
e) 3 Hi-Fi-Anlagen zu je 159 €
f) 4 Navigationsgeräte zu je 287 €

Zerlege und rechne.

a)

T	H	Z	E				T	H	Z	E
	8	4	9	·	4	=				
			9	·	4	=				
		4	0	·	4	=				
	8	0	0	·	4	=				

b)

T	H	Z	E				T	H	Z	E

c)

d)

e)

f)

Ergebnisse:

a)
b)
c)
d)
e)
f)

477, 1148, 1670, 1966, 2156, 2574, 3396

Antwort: Die neue Ware kostet ______

2 Rechne in der Kurzform.

a)

5	7	3	·	7
			2	1
		4	9	0
	3	5	0	0

b) 2 9 8 · 6

c) 7 3 9 · 5

d) 4 8 1 · 8

1788, 3695, 3725, 3848, 4011

3

a) 3 4 7 6 · 3

b) 4 2 8 5 · 4

c) 6 2 7 3 · 9

d) 8 1 2 6 · 2

10428, 16252, 17140, 42939, 56457

SB ► S. 73, 74

Schriftliche Multiplikation

1 Multipliziere ohne Übertrag in der Endform.

a) 2 4 1 · 2 b) 3 0 2 · 3 c) 1 2 2 0 · 4 d) 3 0 3 2 · 3

2 Multipliziere mit Übertrag in der Endform.

a) 2 8 4 · 7 b) 6 4 5 · 4 c) 4 6 0 9 · 9 d) 7 2 3 6 · 6

e) 6 4 3 · 6 f) 7 1 6 · 5 g) 6 1 0 5 · 8 h) 3 4 7 8 · 4

1 988, 2 580, 3 580, 3 858, 13 912, 35 824, 41 481, 43 416, 48 840

3 Entschlüssle die Geheimschrift.

a) 5 0 4 6 · 2 ☐
2 9 4 3 · 8 ☐
2 1 0 6 · 4 ☐
1 3 7 4 · 6 ☐
1 1 9 6 · 4 ☐

b) 2 5 2 3 · 4 ☐
3 9 2 4 · 6 ☐
4 1 2 3 · 5 ☐
9 1 6 · 9 ☐
1 0 5 3 · 8 ☐

c) 5 6 0 3 · 3 ☐
4 9 2 7 · 6 ☐
7 8 4 8 · 3 ☐
2 4 1 2 · 9 ☐

4 784	8 244	8 424	10 092	16 809	20 615	21 708	23 544	29 562
E	H	T	M	S	C	ß	A	P

4 Überprüfe deine Ergebnisse durch eine zusätzliche Rechnung.

a) 9 9 9 9 · 3 9 9 9 9 · 6 9 9 9 9 · 9

b) 4 4 4 4 · 4 4 4 4 4 · 3 4 4 4 4 · 7

Übungen zur schriftlichen Multiplikation

1

Die 184 Kinder der Wilhelm-Busch-Grundschule fahren ins Theater. Eine Eintrittskarte kostet 5 €. Für die Busfahrt zahlt jedes Kind 4 €. Rechne mit Überschlag.

Frage: ______________________

Rechnung:

Antwort: ______________________

2 Überschlage zuerst, berechne dann genau.

a) Ü 700 · 8 = ________
7 3 1 · 8

b) Ü ________
8 4 7 · 6

c) Ü ________
2 3 1 8 · 4

d) Ü ________
5 8 6 · 4

e) Ü ________
7 4 9 · 7

f) Ü ________
2 5 4 4 · 8

2344, 5082, 5243, 5848, 9272, 15633, 20352

3 Überlege nach dem Überschlag, ob das genaue Ergebnis größer oder kleiner wird.

Aufgabe	Überschlag Ü	>, <	genaues Ergebnis E
a) 299 · 8	300 · 8 =	Ü ◯ E	
b) 916 · 7		Ü ◯ E	
c) 5724 · 3		Ü ◯ E	
d) 4096 · 5		Ü ◯ E	

a) 2 9 9 · 8

b)

c)

d)

2392, 6412, 10508, 17172, 20480

4 Im Kopf oder schriftlich?

a) 298 · 3 = ________

b) 342 · 9 = ________

c) 892 · 6 = ________

d) 432 · 2 = ________

Übungen zur schriftlichen Multiplikation

1 Immer zwei Aufgaben haben dasselbe Ergebnis. Male sie mit der gleichen Farbe an.

2

□41 · 7 = 44□7

370 · □ = □480

92□ · 5 = 4□30

□48 · 8 = 358□

5□9 · 6 = 305□

□931 · □ = 14655

722□ · 4 = 28□92

417□ · 3 = 1□528

5□04 · 8 = 40□32

3 Buchhändler Moser hat neue Bücher bestellt.

	Einzelpreis	6 Stück
Tierbuch	4,25 €	
Krimi	7,58 €	
Lexikon	9,90 €	
Märchen	2,05 €	
Sudoku	3,85 €	
Gesamt		

4 Nur die Bücher, deren Ergebnis zwischen 4000 und 5000 liegt, bekommen einen farbigen Aufkleber ✓. Überschlage vorher und rechne nur diese Aufgaben. Male dann die Aufkleber auf die Bücher.

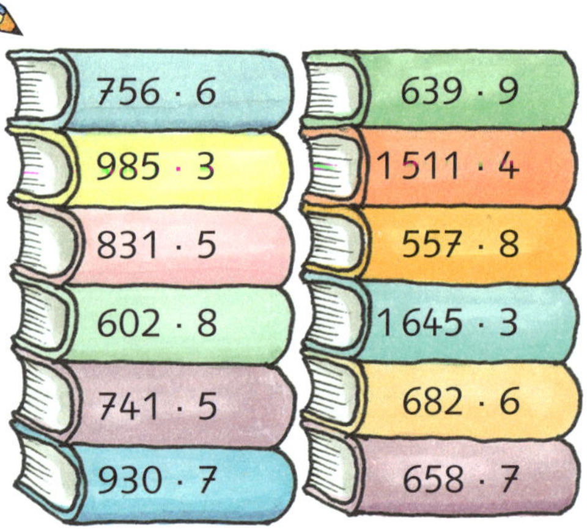

SB ► S. 77, 78

1

317 · 30 **W** 492 · 70 **S** 571 · 90 **E**

709 · 80 **R** 653 · 40 **A** 886 · 50 **S**

Lösungswort:

9510	26120	34440	44300	51390	56720

2 Überschlage zuerst. Alle Ergebnisse haben die Quersumme 18.

a) Ü ______ 727 · 90 Ü ______ 927 · 50 Ü ______ 648 · 30

b) Ü ______ 759 · 60 Ü ______ 381 · 60 Ü ______ 666 · 70

c) Ü ______ 1809 · 40 Ü ______ 3114 · 30 Ü ______ 8982 · 50

3 Wähle eine Zahl zwischen 500 und 600. Multipliziere sie mit 20, 30 und 50.
Überprüfe deine Ergebnisse durch eine zusätzliche Rechnung.

a) ___ · 20 ___ · 30 ___ · 50

b)

4 Springe von Pfütze zu Pfütze.

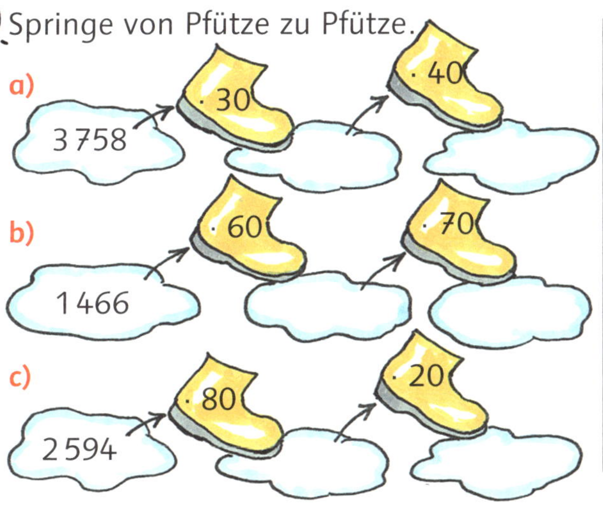

Schriftliche Multiplikation mit zweistelligen Zahlen

1

a) 756 · 32

b) 461 · 49

c) 573 · 37

d) 1015 · 28

e) 3107 · 26

f) 2311 · 34

21 201, 22 589, 24 192, 28 420, 53 904, 78 574, 80 782

2 Überschlage zuerst. Rechne dann genau.

a) Ü ____________

803 · 41

b) Ü ____________

356 · 91

c) Ü ____________

2216 · 52

32 396, 32 923, 75 327, 115 232

3 a) Ein Geschirrspüler verbraucht pro Spülgang etwa 18 Liter Wasser.
Wie viel Wasser verbraucht er in einem Jahr, wenn er täglich einmal genutzt wird?

Rechnung:

Antwort: ____

____

b) Ein neues Modell verbraucht bei jedem Spülgang 12 Liter Wasser.
Wie viel Liter Wasser werden in einem Jahr gespart?

Rechnung:

Antwort: ____

____

____

4 Rechne immer mit dem Ergebnis weiter.

154 · 14 → ____ · 14 → ____ · 14

SB ► S. 80

Sachaufgaben: Wasser

Wasserverbrauch im Haushalt

In Deutschland beträgt der tägliche Wasserverbrauch pro Person 124 l. Nur 3 l werden für die lebensnotwendige Flüssigkeitsaufnahme gebraucht. Den größten Teil verbrauchen wir zum Reinigen und zur Toilettenspülung.

1 Wähle drei Bereiche und berechne den Wasserverbrauch pro Person.

a) für einen Monat (30 Tage) **b)** für ein Jahr (12 Monate)

Rechnungen:

Antwort: ______________________________

____

2 Wie viele Liter Wasser würde deine Familie in den gewählten Bereichen verbrauchen?

a) in einem Monat (30 Tage) **b)** in einem Jahr (12 Monate)

Rechnungen:

Antwort: ______________________________

____

3 Wie viel Wasser verbrauchen alle Schüler deiner Klasse täglich nur zum Reinigen am Waschbecken und zur Toilettenspülung?

Rechnungen:

Antwort: ______________________________

SB ► S. 79, 80

1 Zeichne bei jeder Figur alle Symmetrieachsen ein.

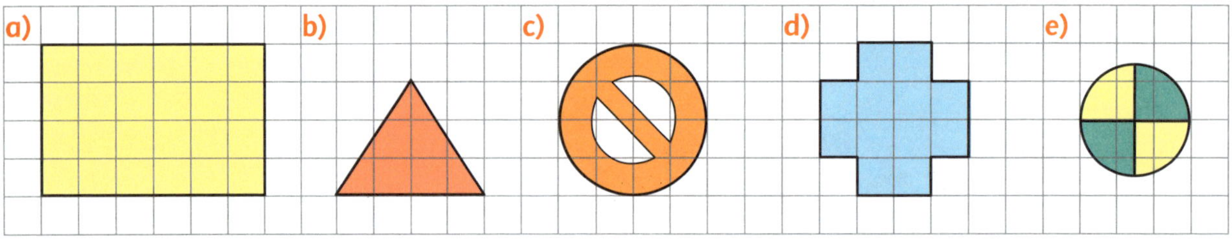

2 Ergänze die Figuren spiegelbildlich und überprüfe mit dem Spiegel.

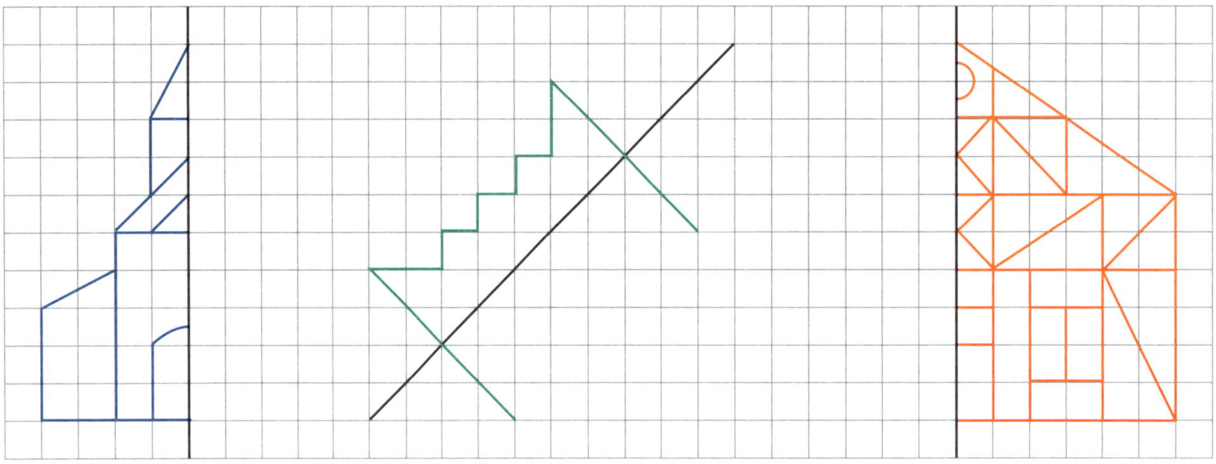

3 Spiegle die Figur an mehreren aufeinanderfolgenden Spiegelachsen.

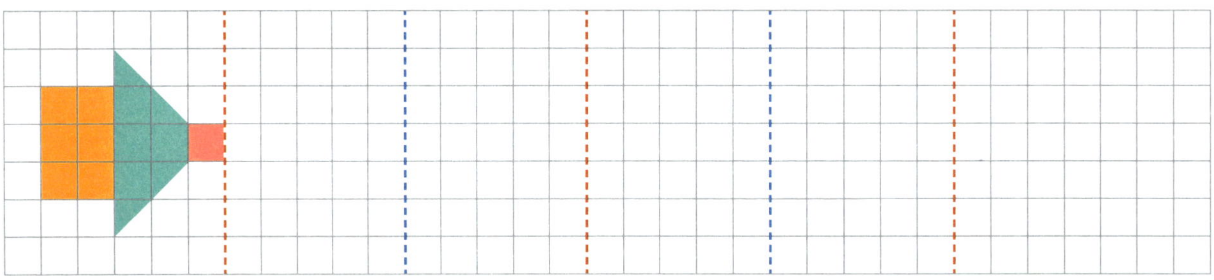

4 Spiegle die Figur an allen roten und blauen Achsen, so dass ein Muster entsteht.

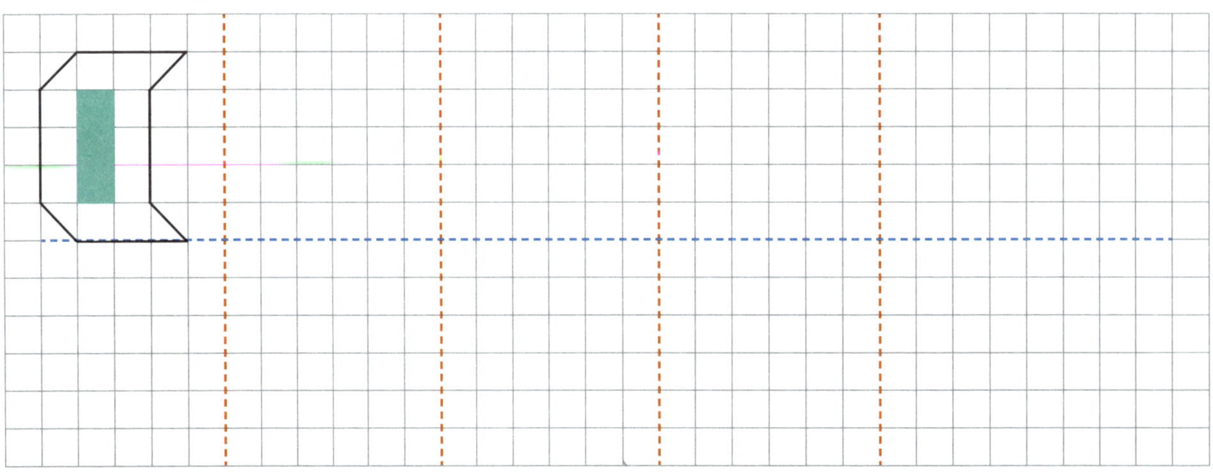

SB ► S. 84, 85

Figuren verschieben

1 Verschiebe die Figuren und male sie an.

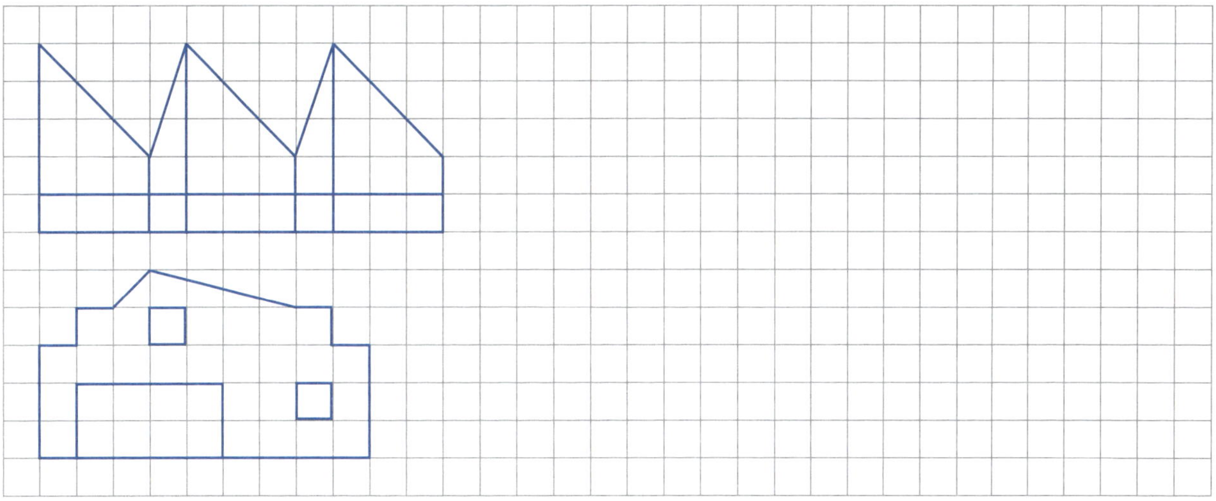

2 Verschiebe das Haus nach Vorschrift. Starte immer beim blauen Haus.

3 K → | 7 K → | 12 K →
3 K ← | 7 K ← | 12 K ←

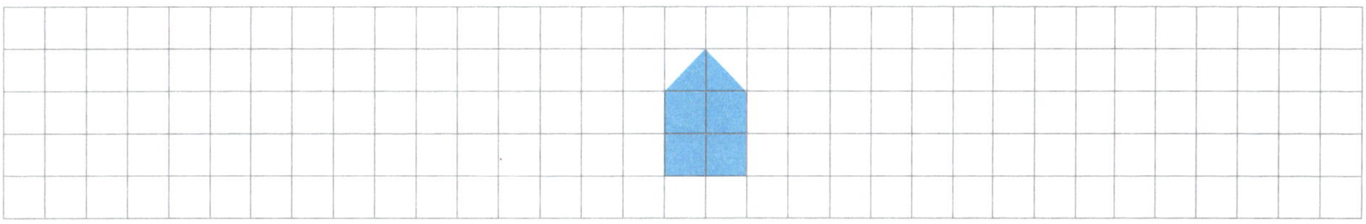

3 Verschiebe nach Vorschrift.

a) 4 K ↓

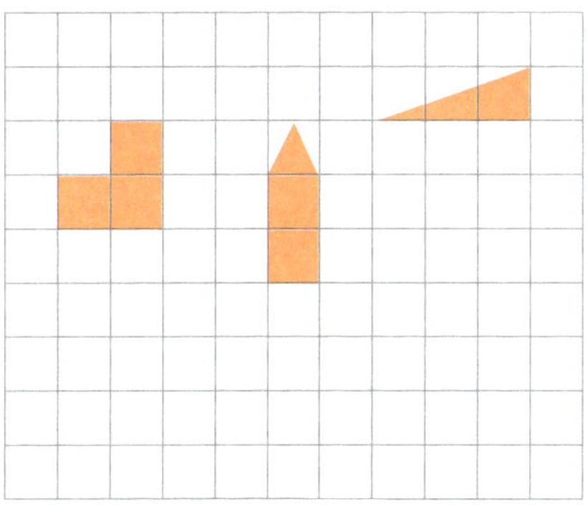

b) 3 K ↑, 2 K ←

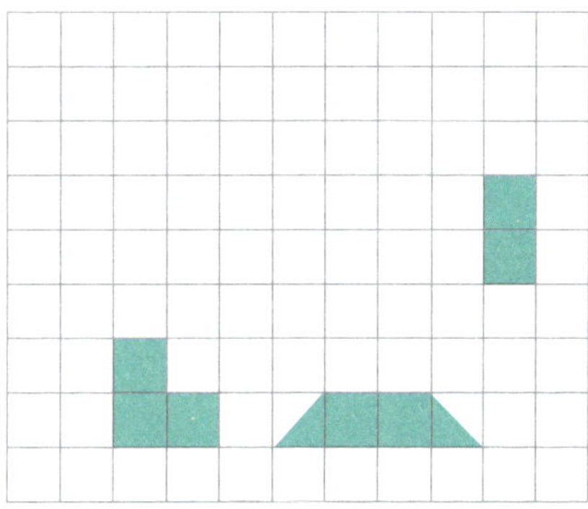

c) 3 K ↓, 4 K →

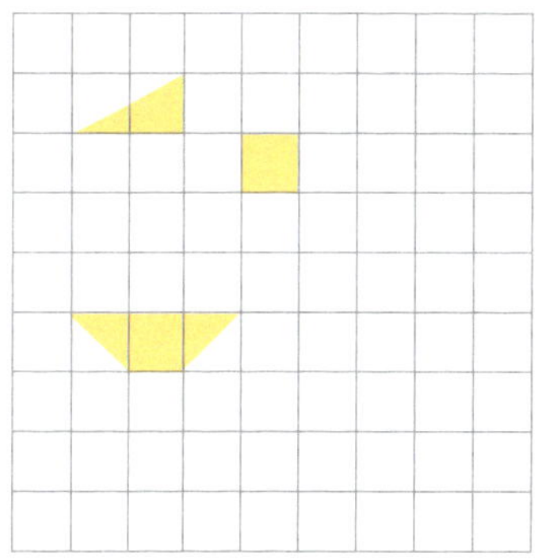

4 Die farbigen Figuren wurden verschoben. Notiere die Verschiebevorschrift.

a) ______________

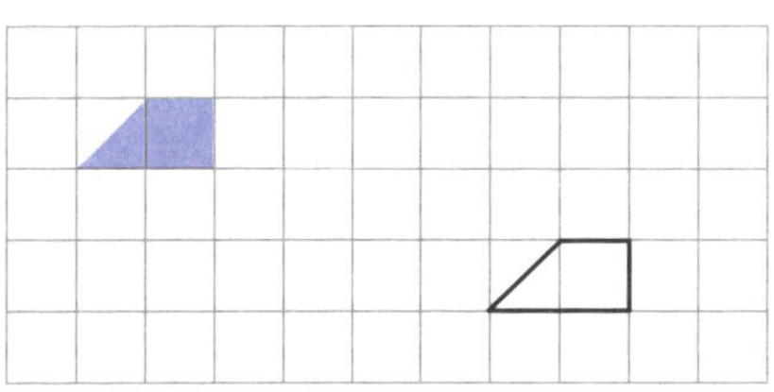

b) ______________

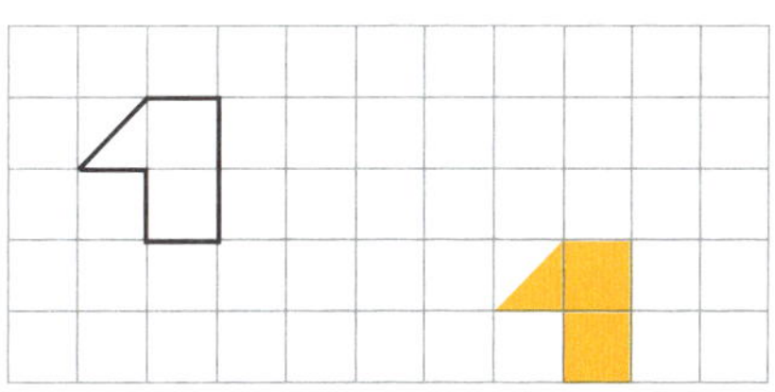

c) ______________

Figuren drehen und schieben

1 Drehe jede Figur dreimal um eine Vierteldrehung nach rechts und male die Flächen an.

a)

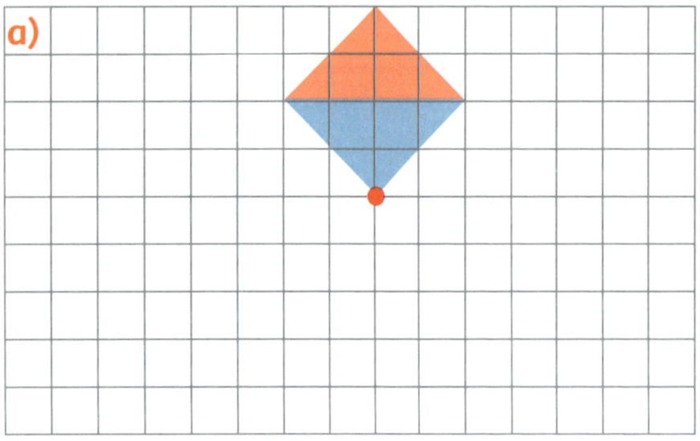

b)

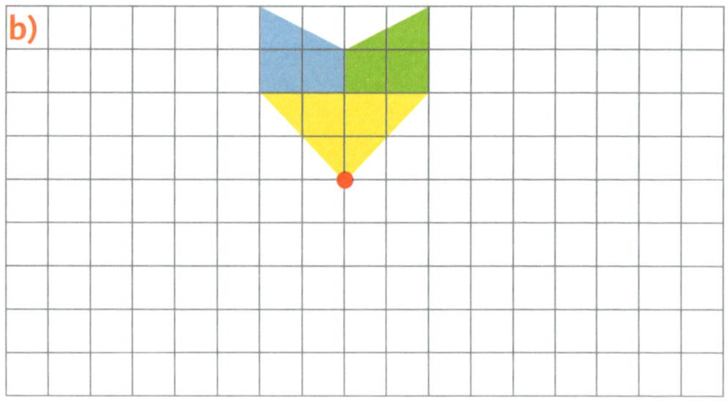

2 Drehe nach Vorschrift.

a)

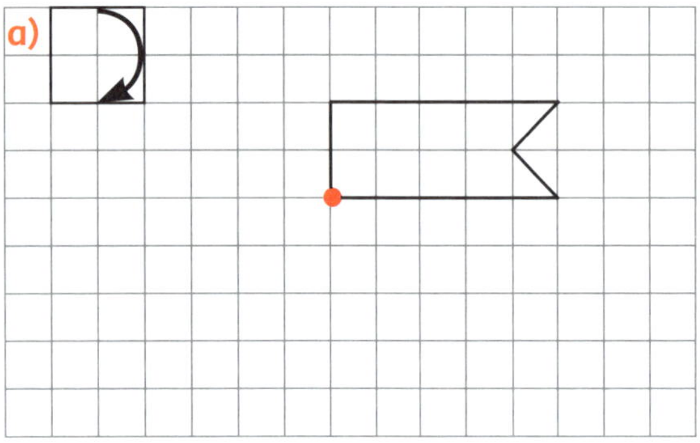

b)

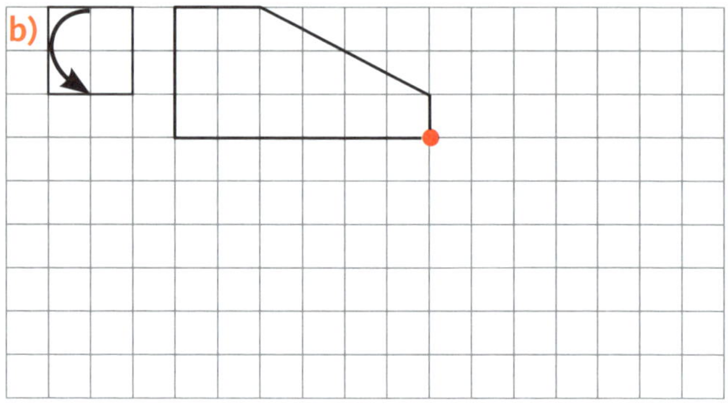

c)

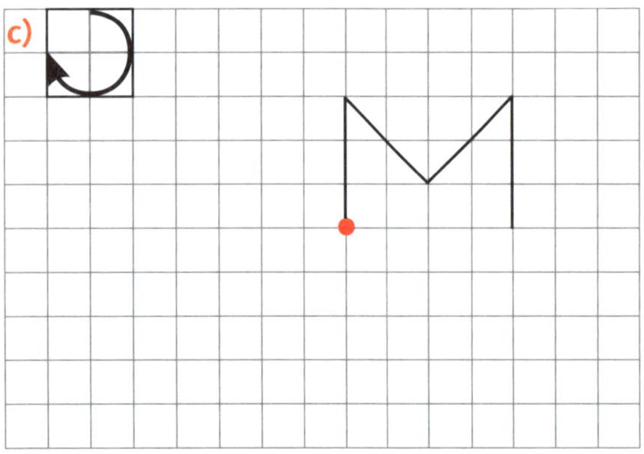

d)

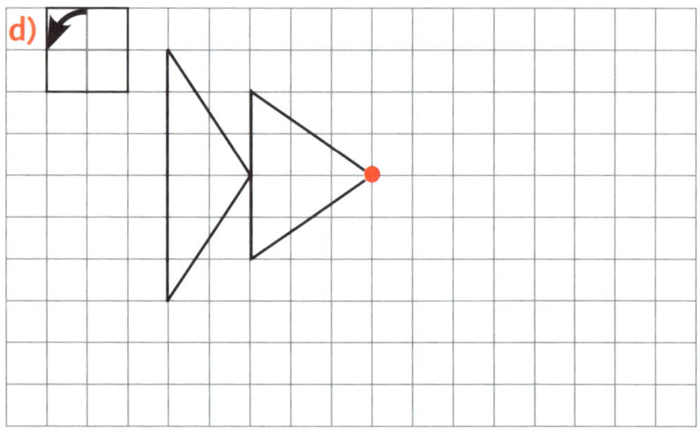

3 Drehe und verschiebe nach Vorschrift.

a) 2 K ↓, 

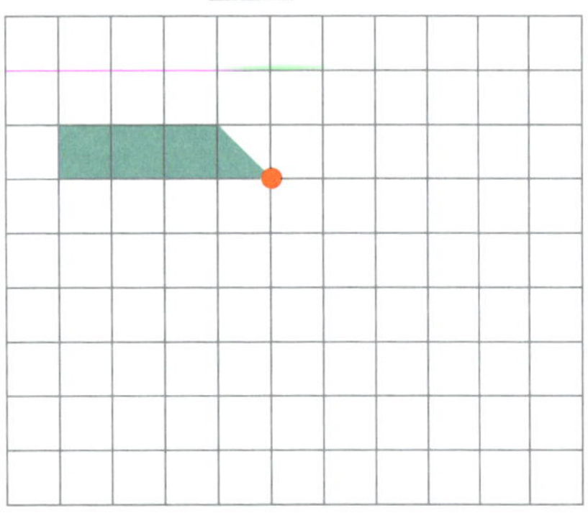

b) 3 K ↑, 

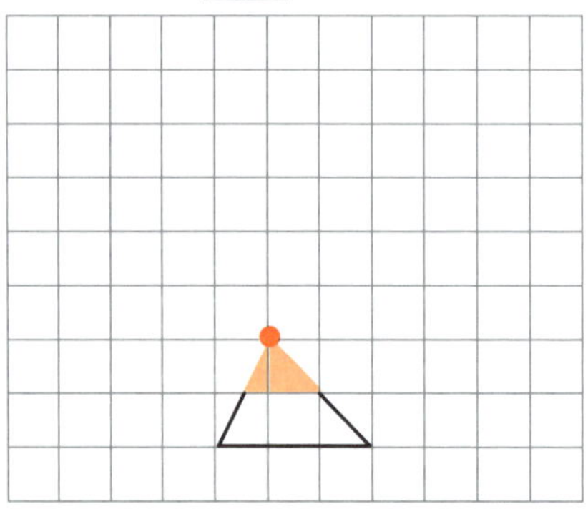

c) 4 K →, 

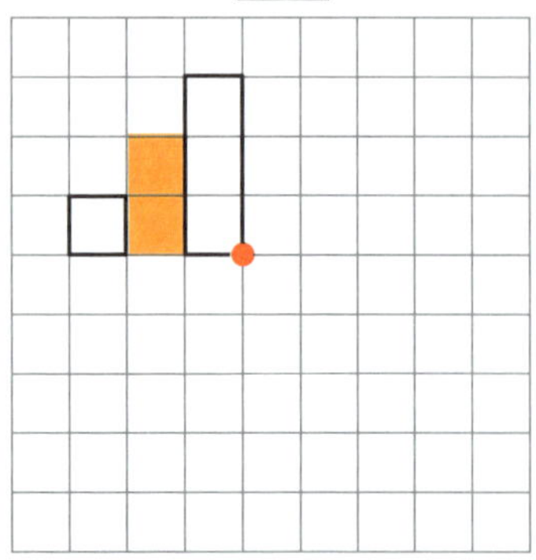

Liter und Milliliter

1 Was passt zusammen? Verbinde.

150 ml | 1 l | 10 ml | $1\frac{1}{2}$ l | 5 l | 0,7 l | 10 l | 1 l

2 Wie viel Flüssigkeit ist jeweils im Becher?

1 l	0,5 l		
ml	500 ml	ml	ml
		$\frac{3}{4}$ l	

$\frac{1}{2}$ l; 750 ml; 0,25 l, $\frac{4}{4}$ l
1 000 ml; $\frac{1}{4}$ l; 0,75 l; 250 ml

3 Vergleiche. Setze ein: >, < oder =?

$\frac{1}{4}$ l ◯ 0,5 l
$\frac{1}{2}$ l ◯ 0,5 l
$\frac{3}{4}$ l ◯ 0,5 l

$\frac{1}{4}$ l ◯ 250 ml
$\frac{1}{2}$ l ◯ 500 ml
$\frac{3}{4}$ l ◯ 750 ml

$\frac{1}{4}$ l ◯ 0,75 l
$\frac{1}{2}$ l ◯ 0,75 l
$\frac{3}{4}$ l ◯ 0,25 l

$\frac{1}{4}$ l (<) ______
$\frac{1}{2}$ l (=) ______
$\frac{3}{4}$ l (>) ______

4 In einer Kanne sind 2 l Kaffee.
In eine Tasse passt $\frac{1}{4}$ l.
Wie viele Tassen werden voll?

____

5 Hans hat 250 ml Medizin bekommen.
Er muss 2-mal täglich 25 ml nehmen.
Wie lange reicht die Medizin?

____

6 Berechne die Rezepte für 4 Personen.

Orangenflip pro Person
$\frac{1}{2}$ l Orangensaft
125 ml Mineralwasser
2 Orangenscheiben

4 Personen	
	Orangensaft
	Mineralwasser
	Orangenscheiben

Bananenmilch pro Person
$\frac{1}{4}$ l Milch
100 ml Zuckersirup
$\frac{1}{2}$ Banane

4 Personen	
	Milch
	Zuckersirup
	Bananen

Division mit Vielfachen von 10

1

a)
16 000 : 10 = ____
16 000 : 100 = ____
16 000 : 1 000 = ____

b)
47 000 : 10 = ____
47 000 : 100 = ____
47 000 : 1 000 = ____

c)
126 000 : 100 = ____
126 000 : 1 000 = ____
126 000 : 10 = ____

2

a)
18 000 : 6 = ____
18 000 : 60 = ____
18 000 : 600 = ____
18 000 : 6 000 = ____

b)
28 000 : 7 = ____
28 000 : 70 = ____
28 000 : 700 = ____
28 000 : 7 000 = ____

c)
45 000 : 50 = ____
45 000 : 5 = ____
45 000 : 5 000 = ____
45 000 : 500 = ____

3

60 000 → :300 → ____ ; 60 000 → :100 → ____ → :3 → ____

80 000 → :4 000 → ____ ; 80 000 → :1 000 → ____ → :4 → ____

40 000 → :20 000 → ____ ; 40 000 → :10 000 → ____ → :2 → ____

4

a)

	: 4	
28		700
280		7
2 800		70
28 000		7 000

b)

	: 6	
36		600
360		6
3 600		6 000
36 000		60

c)

	: 9	
54		600
540		6 000
5 400		6
54 000		60

5

a)

:	70	7 000	7	700
140 000				
630 000				
350 000				
280 000				
420 000				

b)

:	8		800	8 000
64 000				
32 000		400		
40 000				
				3
			90	

6

a)
4 800 : 600 = ____
7 200 : 8 = ____
350 000 : 5 000 = ____
27 000 : 90 = ____

b)
180 000 : 60 = ____
4 000 : 800 = ____
63 000 : 7 = ____
810 000 : 9 000 = ____

c)
160 000 : 4 000 = ____
6 300 : 900 = ____
16 000 : 80 = ____
560 000 : 7 = ____

SB ► S. 94

Halbschriftliches Dividieren

1 Familie Hofer fährt im Sommer nach Italien in den Urlaub.
Für eine Woche im Hotel muss sie in der Hauptsaison 973 €,
in der Nebensaison 882 € bezahlen. Vergleiche die Preise pro Tag.

	H	Z	E			H	Z	E
	9	7	3	:	7	=		
-	7	0	0	:	7	=		
	2	7	3	:	7	=		
-	2	1	0	:	7	=		
		6	3	:	7	=		

	H	Z	E			H	Z	E

Unterschied:

Antwort: ______________________________

2 Dividiere halbschriftlich. Finde das Lösungswort.

	H	Z	E			H	Z	E
	8	3	5	:	5	=		
-	5	0	0	:	5	=		

	H	Z	E			H	Z	E
	9	3	6	:	4	=		

	H	Z	E			H	Z	E
	7	4	4	:	6	=		

	H	Z	E			H	Z	E
	9	3	8	:	7	=		

	H	Z	E			H	Z	E
	5	5	2	:	3	=		

	H	Z	E			H	Z	E
	6	9	5	:	5	=		

	T	H	Z	E			T	H	Z	E
	7	6	3	8	:	6	=			

	T	H	Z	E			T	H	Z	E
	8	2	3	2	:	7	=			

124	T
134	T
139	L
167	M
184	E
234	I
1176	E
1273	M
1657	R
1745	E

	T	H	Z	E			T	H	Z	E
	5	2	3	5	:	3	=			

	T	H	Z	E			T	H	Z	E
	6	6	2	8	:	4	=			

Lösungswort: ______________________________

Schriftliche Division

1 Dividiere schriftlich.

a)

	H	Z	E				H	Z	E
	7	3	8	:	6	=	1	2	
−	6								
	1	3							
−	1	2							
		1	8						
	−								

b)

	H	Z	E				H	Z	E
	7	6	5	:	5	=			

c)

	H	Z	E				H	Z	E
	9	6	6	:	7	=			

123, 129, 138, 153

2 Überprüfe die Ergebnisse mit der Probe.

a)

	T	H	Z	E				T	H	Z	E
	2	9	5	5	:	3	=				
						P	r	o	b	e:	
										·	3

b)

	T	H	Z	E				T	H	Z	E
	3	4	6	8	:	4	=				
						P	r	o	b	e:	

c)

	ZT	T	H	Z	E				ZT	T	H	Z	E
	2	4	6	7	5	:	5	=					

d)

	ZT	T	H	Z	E				ZT	T	H	Z	E
	3	7	9	7	1	:	9	=					

3 Rechne mit Überschlag und Probe.

a) Ü ______________________

22524 : 6 =

b) Ü ______________________

55664 : 7 =

Schriftliche Division – Sonderfälle

1 Achtung Nullen! Rechne mit Überschlag und Probe.

a) Ü ____________________

	H	Z	E				H	Z	E
	7	4	9	:	7	=			
					P	r	o	b	e:

b) Ü ____________________

	H	Z	E				H	Z	E
	4	3	2	:	4	=			

c) Ü ____________________

	H	Z	E				H	Z	E
	6	2	7	:	3	=			

2 Nullen an verschiedenen Stellen. Rechne mit Überschlag und Probe.

a) Ü ____________________

	T	H	Z	E				T	H	Z	E
	6	0	3	2	:	4	=				
						P	r	o	b	e:	

b) Ü ____________________

	T	H	Z	E				T	H	Z	E
	5	2	5	0	:	7	=				

c) Ü ____________________

	2	7	0	0	5	:	5	=					

d) Ü ____________________

	5	3	0	4	0	:	8	=					

3 Dividieren mit Rest. Rechne auch die Probe.

a)

	5	6	6	7	:	9	=				R		

b)

	3	5	2	1	:	6	=				R		

SB ► S. 97

Früchte aus fernen Ländern

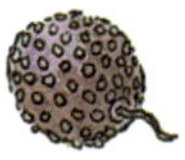

623 : 7 =

776 : 8 =

534 : 6 =

388 : 4 =

684 : 9 =

679 : 7 =

864 : 9 =

582 : 6 =

768 : 8 =

744 : 8 =

490 : 5 =

837 : 9 =

282 : 6 =

2476 : 4 =

489 : 3 =

1712 : 8 =

558 : 6 =

47	76	89	93	96	97	98	103	163	214	619
T	Y	P	I	K	A	L	P	C	H	S

SB ► S. 98, 99

Division durch zweistellige Zahlen <20

1 Berechne die Vielfachen der Zahlen.

12									120
13									130
14									140
16									160

2 Rechne mit Probe.

a) 6528 : 12 =

b) 5775 : 15 =

c) 51240 : 14 =

d) 82880 : 16 =

3 Zahlenrätsel: Wenn ich meine Zahl zuerst mit 13 multipliziere und dann durch 17 teile, erhalte ich 2028. Meine Zahl heißt: ____________

4 Multipliziere die Zahl 294 mit 4. Dividiere das Ergebnis durch 12. Multipliziere anschließend mit 3. Was fällt dir auf?

Antwort: ______________________________________

1 Division durch zehnernahe Zahlen. Überprüfe mit der Probe.

a) 7350 : 49 =

Probe:

b) 9384 : 68 =

c) 56265 : 31 =

d) 84888 : 72 =

2 Division mit Rest. Überschlage vorher.
Der Rest ist immer 27.

a) Ü ______

3942 : 45 = R

b) Ü ______

2271 : 34 = R

c) Ü ______

6867 : 76 = R

d) Ü ______

5073 : 87 = R

3 Division durch dreistellige Zahlen
Besondere Ergebnisse

a) 69708 : 314 =

b) 41625 : 125 =

SB ► S. 101

Sachaufgaben: Lösungshilfe Tabellen

1 Simones Mutter hat Vorräte eingekauft. Von jeder Sorte gibt sie eine Dose an Oma weiter. Sie schreibt für Oma eine Rechnung auf.

3 Dosen Erbsen	2,07 €
4 Dosen Bohnen	3,12 €
7 Dosen Spargel	10,15 €

Gesamtpreis : Anzahl → Einzelpreis

1 Dose Erbsen	€
1 Dose Bohnen	€
1 Dose Spargel	€

Frage: ______________________________

Rechnung:

Antwort: ______________________________

2 Fülle die Tabellen aus. Rechne im Kopf.

a)

Vollkornbrot	
Anzahl	Preis
1	
2	
3	6,90 €
4	
5	
6	

b)

Roggenbrot	
Anzahl	Preis
1	
2	
4	
6	12,60 €
8	
10	

c)

Baguette	
Anzahl	Preis
1	
2	
5	7,50 €
7	
11	
15	

3 Anna kauft vier Brezen für 2,20 €, drei Vollkornsemmeln für 2,46 € und fünf Quarktaschen für 5,95 €. Thomas kauft drei Brezen, eine Vollkornsemmel und vier Quarktaschen. Wie viel muss Thomas insgesamt bezahlen?

Rechnung:

Antwort: ______________________________

Sachaufgaben: Ratenzahlung

1 Frau Grosser will sich eine neue Einbauküche kaufen.
Bei Ratenzahlung beträgt der Kaufpreis 18 280 €.
Sie leistet eine Anzahlung in Höhe von 7 000 €.
Den Rest muss sie in 12 Monatsraten bezahlen.

Frage: ______________________________

Lösungshilfe: Trage die Angaben in den Rechenbaum ein.

Rechnung:

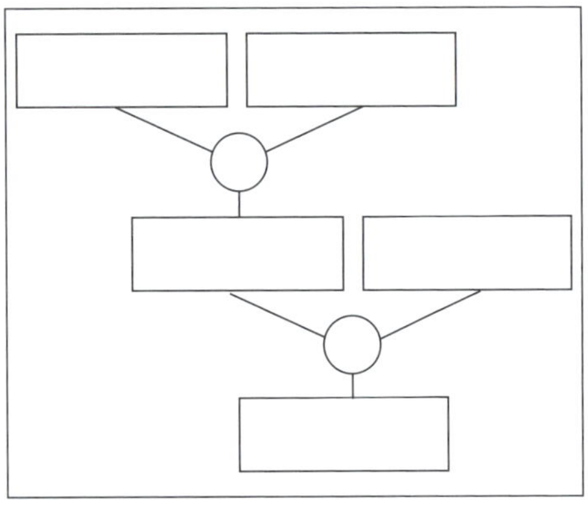

Antwort: ______________________________

2 Familie Frank will sich ein neues Auto kaufen.
Der Händler bietet verschiedene Möglichkeiten der Ratenzahlung an.
Vergleiche die Angebote.

Angebot 1
6 Raten zu je 820 €
Anzahlung 6 000 €

Angebot 2
12 Raten zu je 585 €
Anzahlung 4 500 €

Frage: ______________________________

Lösungshilfe: Trage ein Angebot in den Rechenbaum ein.

Rechnung:

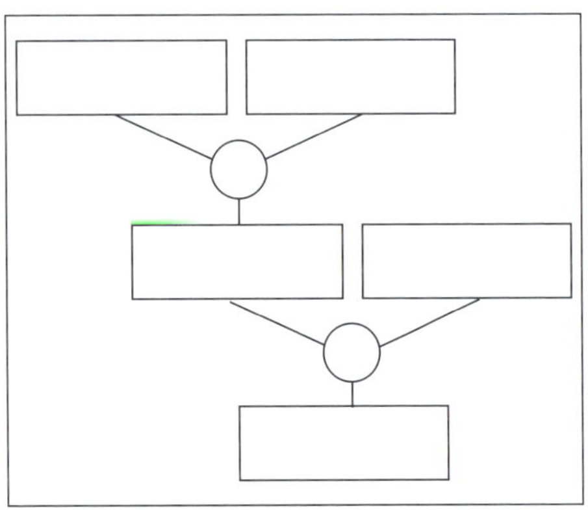

Antwort: ______________________________

SB ► S. 103

Karten lesen

1 Unten siehst du einen Ausschnitt einer Karte von Grafenau im Bayerischen Wald.

a) Orientiere dich und wähle für die Gebäude an der Seite sinnvolle Plätze in der Karte. Zeichne die passenden Zeichen ein.

b) Beschreibe deinem Partner die Stellen. Er soll sie in seiner Karte finden.

2 Finde die Stelle in der Karte und notiere das Planquadrat daneben.

3 Fahre die Wege jeweils in einer anderen Farbe nach.

a) Stadtplatz – Hauptstraße – Schwarzmaierstraße – Kirchensteig

b) Bahnhofsplatz – Bahnhofstraße – Kröllstraße – Rathausgasse – Schusterbeckstraße

4 Finde den kürzesten Weg und zeichne ihn farbig ein.

a) von der Koeppelstraße zur Buchdruckergasse

b) von der Ulrichstraße zur Stifterstraße

Maßstab

1 Das ist Serkans Zimmer im Maßstab 1 : 50. Fülle die Lücken im Text.

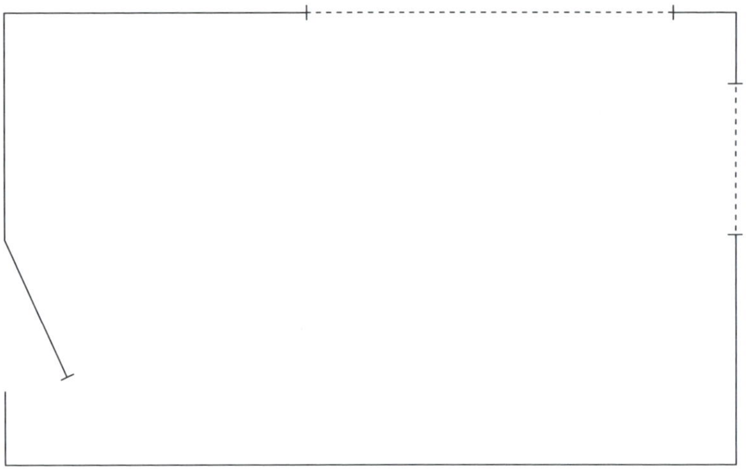

Maßstab 1 : 50

____ cm in der Zeichnung

↓ entspricht

____ cm in der Wirklichkeit

2 Berechne die Maße von Serkans Zimmer, wie sie in Wirklichkeit sind. Miss oben nach.

Länge des Zimmers: ________ cm · 50 = ________ cm = ________ m

Breite des Zimmers: ________________________

Breite des großen Fensters: ________________________

Breite des kleinen Fensters: ________________________

Türbreite: ________________________

3 **a)** Serkan will seine Möbel in das Zimmer stellen.
Berechne die Größe der Möbel im Maßstab 1 : 50.

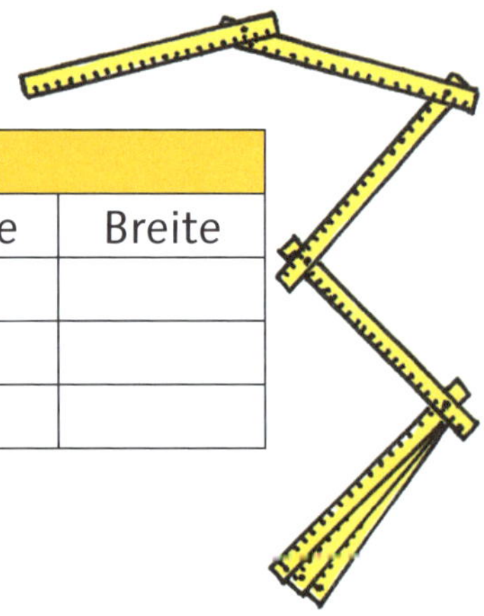

In der Wirklichkeit		
	Länge	Breite
Schrank	300 cm	50 cm
Bett	200 cm	100 cm
Tisch	150 cm	100 cm

→

In der Zeichnung		
	Länge	Breite
Schrank		
Bett		
Tisch		

b) Suche im Grundriss der Aufgabe 1 Plätze für diese Möbel und zeichne sie im Maßstab 1 : 50 ein.

4 Zeichne die Figuren in ihrer wirklichen Größe.

a) Maßstab 1 : 2

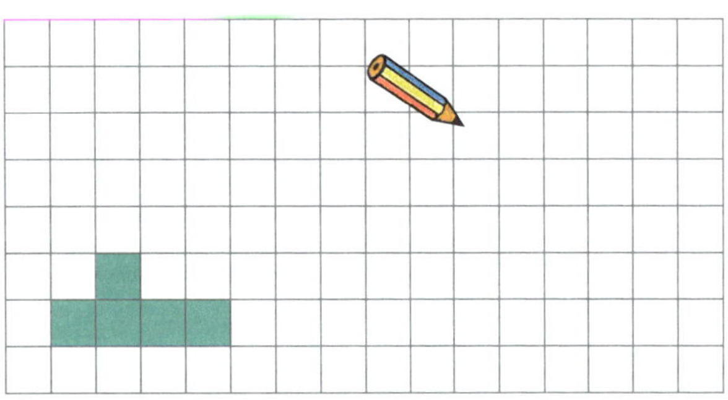

b) Maßstab 1 : 3

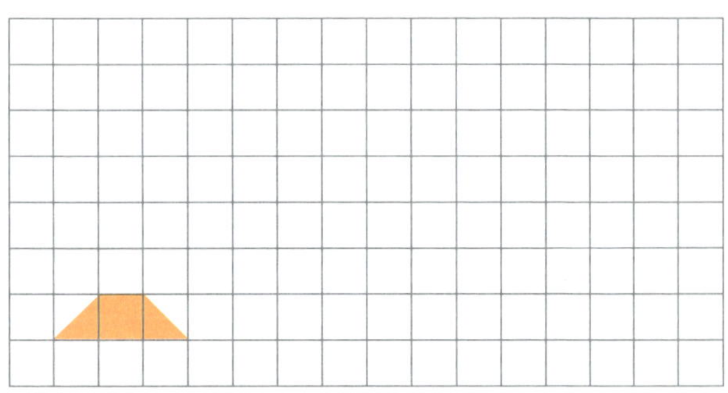

Gleichungen

1 Schreibe zu jedem Zahlenrätsel erst die passende Gleichung (G). Rechne dann aus.

a) Ich denke mir eine Zahl. Wenn ich die Zahl mit 7 malnehme, erhalte ich 4 081. G: ____________ Zahl: ______

b) Wenn ich 14 mit meiner Zahl multipliziere, ergibt das 5 236. G: ____________ Zahl: ______

c) Wenn ich zu der gesuchten Zahl 52 369 addiere, kommt 96 543 heraus. G: ____________ Zahl: ______

d) Wenn ich von 672 034 eine bestimmte Zahl subtrahiere, erhalte ich 169 258. G: ____________ Zahl: ______

e) Ich denke mir eine Zahl. Ich teile sie durch 6, dann erhalte ich 35 741. G: ____________ Zahl: ______

f) Wenn ich meine Zahl durch 37 dividiere, ist das Ergebnis 24 789. G: ____________ Zahl: ______

Rechnungen:

2 a) Ich teile meine Zahl durch 7 und nehme dann mit 8 mal. Als Ergebnis erhalte ich 72 000.

G: ____________

Zahl: ____________

b) Ich teile meine Zahl durch 12 und zähle dann 20 150 dazu. So erhalte ich das Fünffache von 22 750.

G: ____________

Zahl: ____________

Rechnungen:

Sachaufgaben: Schullandheim

1 Die 25 Kinder der Klasse 4a der Grundschule Bergham planen einen mehrtägigen Schullandheimaufenthalt. Sie wollen am Montag vor dem Mittagessen ankommen und am Freitag nach dem Frühstück die Rückreise antreten. Während ihres Aufenthaltes möchte die Klasse auch etwas erleben.

Schullandheim	Preise
Frühstück	3,50 €
Mittagessen	4,30 €
Abendessen	3,70 €
Übernachtung	24,00 €

Bauernhofmuseum
1,80 € pro Kind

Burg und Rittermuseum
Eintritt für Gruppen: 1,30 € pro Schüler

Busfahrt im Reisebus
Pauschalpreis 250 €

Taschengeld
pro Kind 8 €

Schifffahrt
pro Kind 1,50 €

a) Finde Rechenfragen und schreibe sie auf.

A ____________________

B ____________________

C ____________________

D ____________________

E ____________________

b) Finde zu einer Frage einen Lösungsweg, rechne und antworte. Frage ☐

Rechnung:

Antwort: ____________________

Parallelen zeichnen

1 Überprüfe mit dem Geodreieck, welche Linien parallel sind.
Fahre die parallelen Linien jeweils in der gleichen Farbe nach.

a)

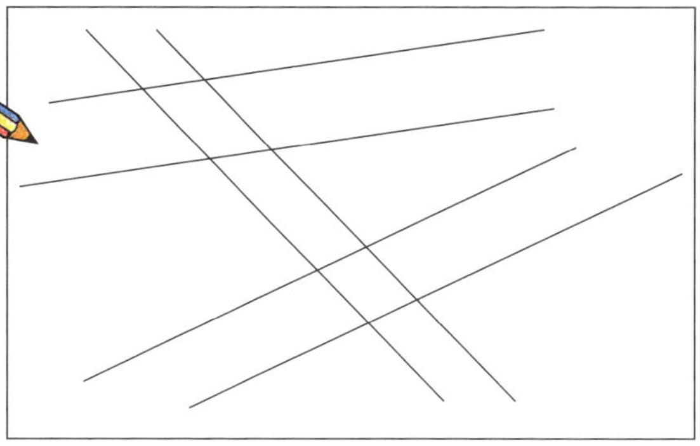

b)

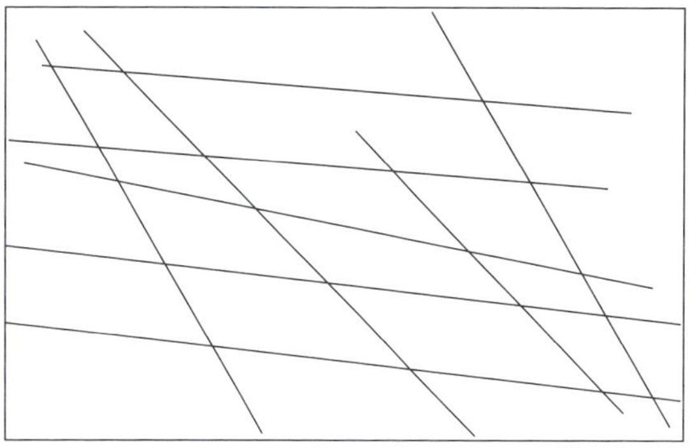

2 Zeichne.

a) vier parallele Linien im Abstand von je 1 cm

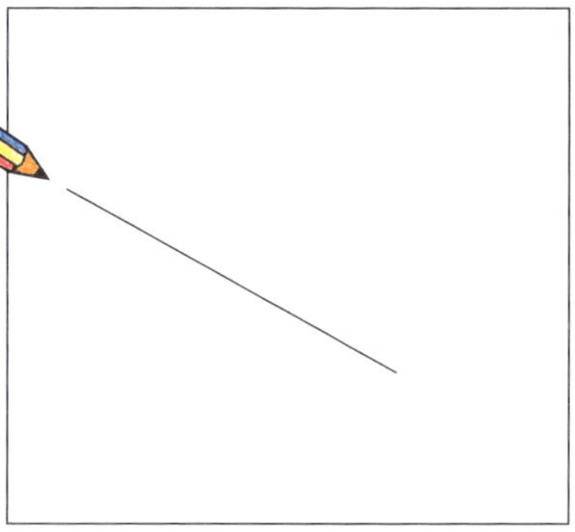

b) zwei parallele Linien im Abstand von je 1,5 cm

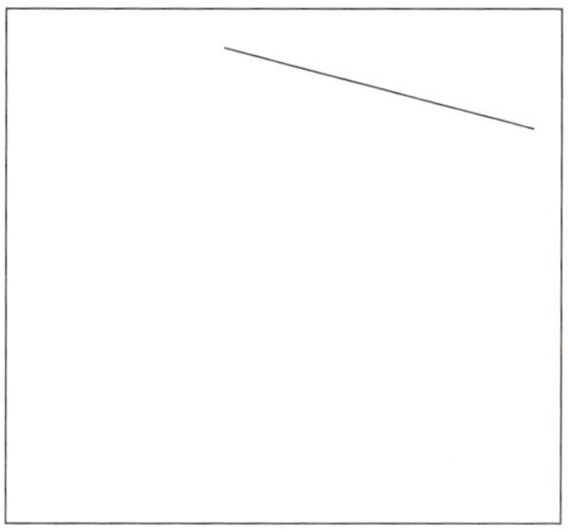

c) sechs parallele Linien im Abstand von je 5 mm

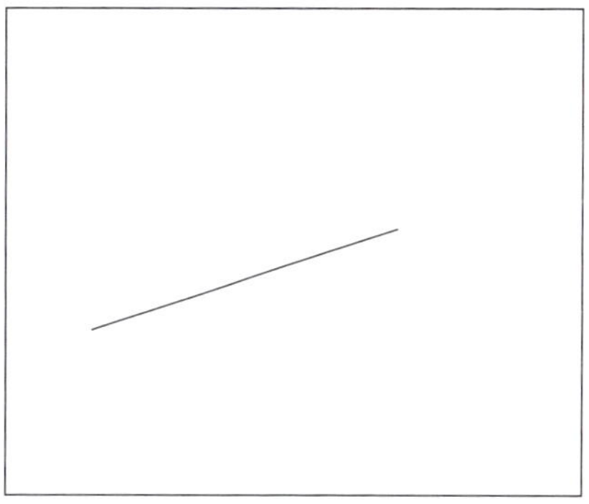

3 Vervollständige die Muster mit Hilfe des Geodreiecks.

4 Zeichne zu den vorgegebenen Linien jeweils 4 Parallelen. Gestalte die Muster farbig.

a)

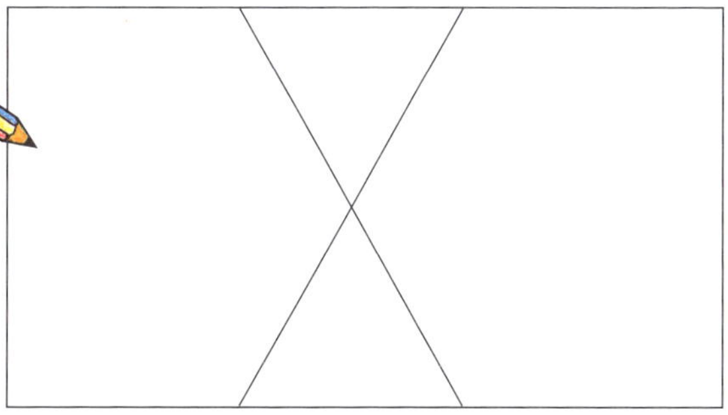

b)

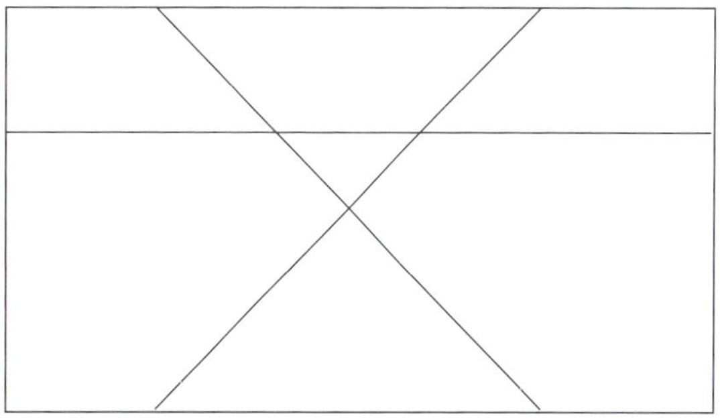

Senkrechte zeichnen

1 Zeichne zu den Linien jeweils drei senkrechte Linien.
Sie sollen durch die Kreuze gehen.

a)

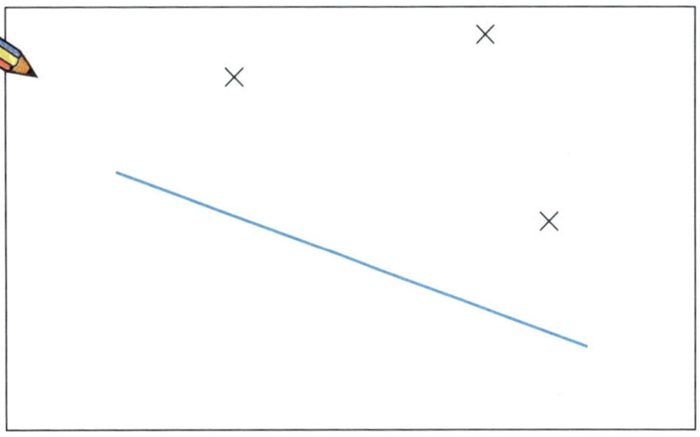

b)

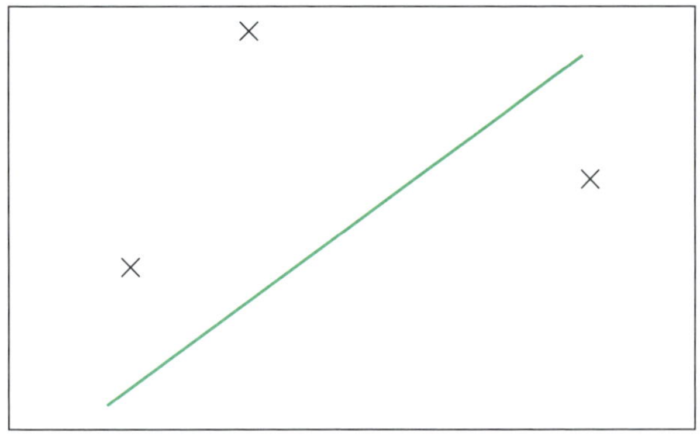

2 Vervollständige die angefangenen Flächenformen mit dem Geodreieck.
Kontrolliere durch genaues Messen der Seitenlängen.

a) Rechtecke

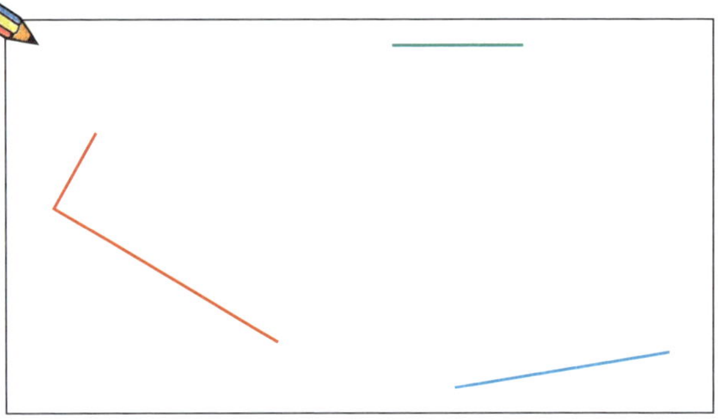

b) Quadrate

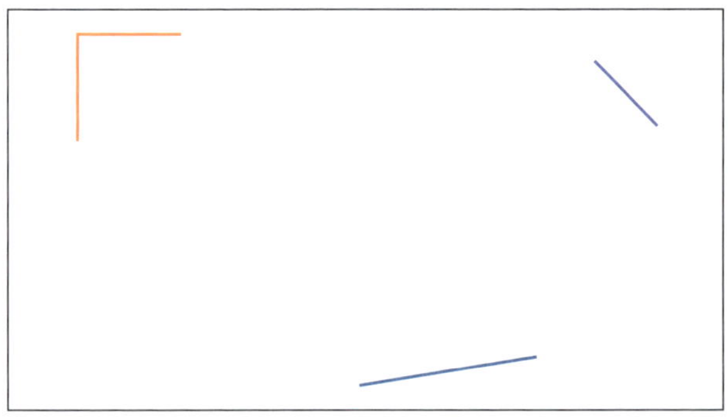

3 Miss nach und zeichne die Figuren zuerst doppelt, dann dreimal so groß.
Achte auf parallele und zueinander senkrechte Linien.
Kennzeichne die rechten Winkel.

a)

b)

Mit dem Zirkel zeichnen

1 Miss den Radius. Zeichne dann je einen Kreis um denselben Mittelpunkt.

a) mit dem doppelten Radius

b) mit dem halben Radius

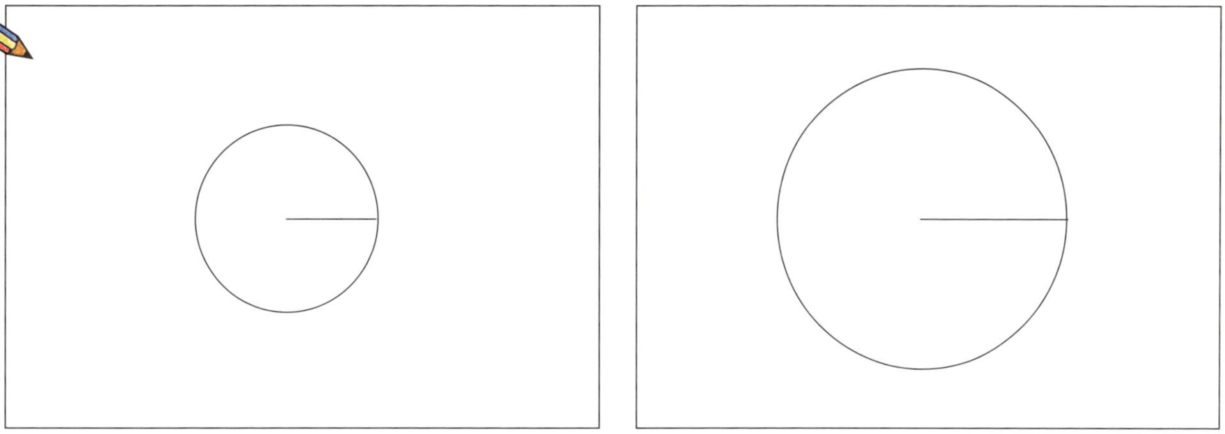

2 Zeichne um jeden Mittelpunkt x einen Kreis.

a) Die Kreise sollen sich schneiden.

b) Die Kreise sollen sich berühren.

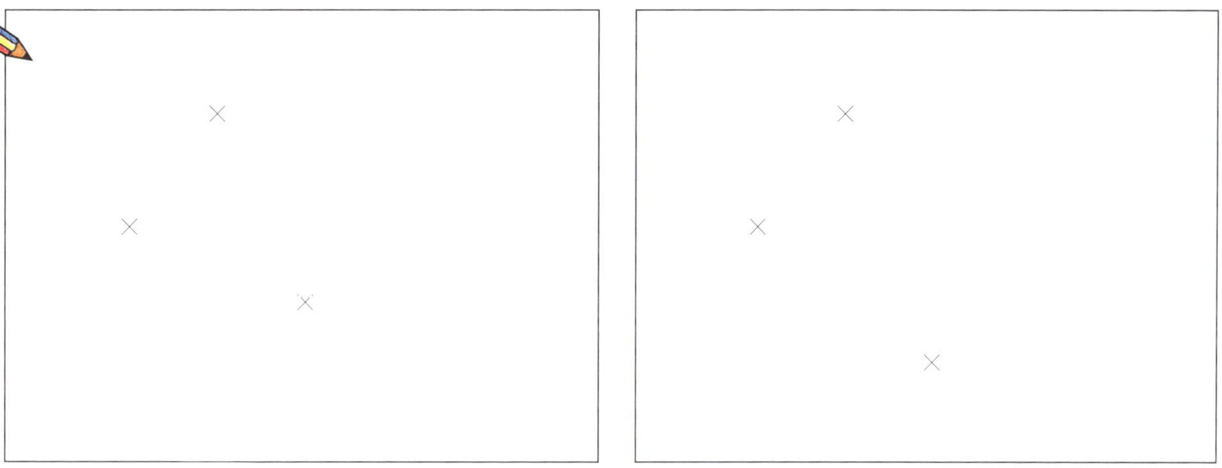

3 Setze mit Hilfe des Zirkels die Muster fort.

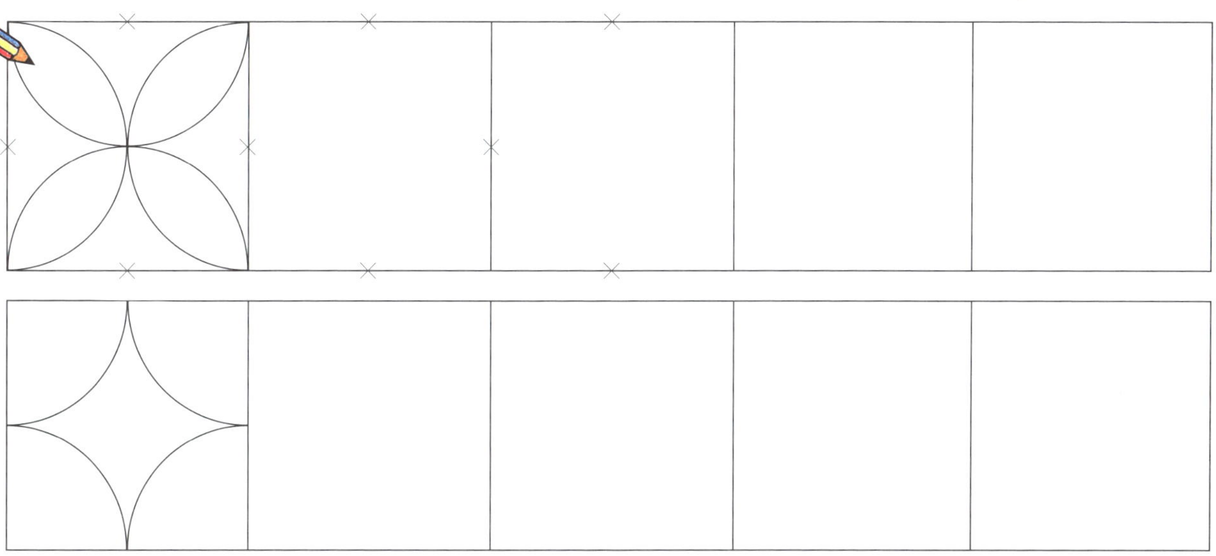

1 Die 25 Schüler der Klasse 4a machen Versuche mit einem Säckchen, in dem sich vier verschiedenfarbige Kugeln befinden. Jedes Kind darf viermal nacheinander eine Kugel ziehen, ohne sie zurückzulegen.

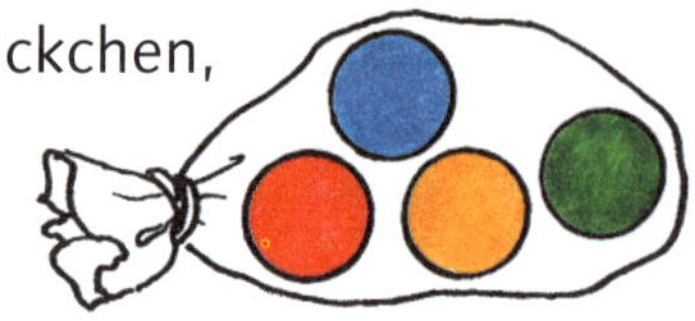

a) Die Kinder zeichnen ihre Ergebnisse auf. Male die restlichen Kugeln aus.

b) Tom überlegt, ob es möglich ist, dass jedes Kind der Klasse die Kugeln in einer anderen Reihenfolge zieht. Er zeichnet alle Möglichkeiten systematisch auf. Vervollständige die Zeichnung.

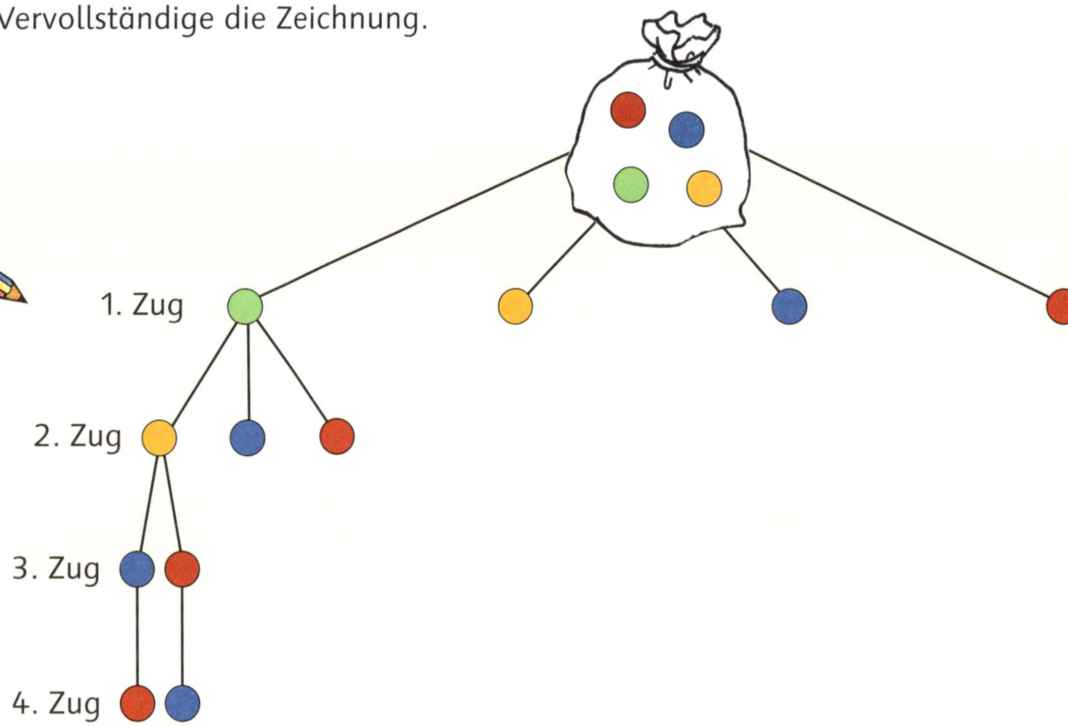

Tom stellt fest: „Es gibt ____ Möglichkeiten."

2 Überlege, wie viele Möglichkeiten es gibt, wenn 5 (6, 7) verschiedenfarbige Kugeln im Säckchen sind. Erkennst du eine Regel?

3 Mihrimah hat einen Sack voll mit Spielsteinen in den Farben Rot und Blau. Sie legt immer vier von ihnen in verschiedenen Kombinationen vor sich auf den Tisch. Zeichne alle Möglichkeiten auf.

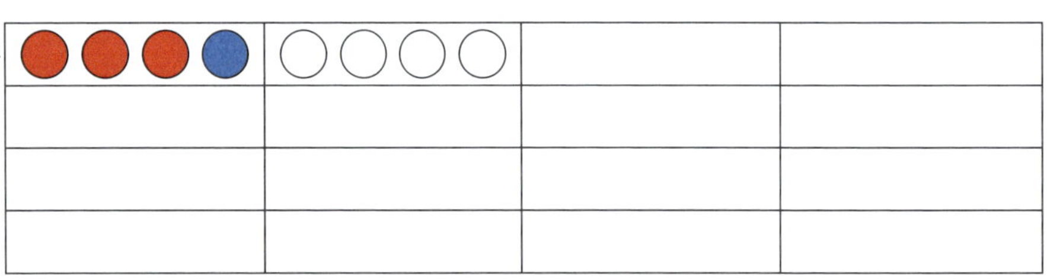

SB ► S. 127

Fit für die fünfte Klasse – Grundrechenarten

1 Addiere schriftlich.

a) 37455 + 28771 b) 783945 + 67285 c) 98452 + 673448 d) 725879 + 257016

2 Überprüfe dein Ergebnis mit der Umkehraufgabe.

a)

	7	6	0	3	4	3
–	3	8	8	4	6	5

b)

	6	1	3	5	4	2
–	5	7	0	8	7	9

3

a)

	3	□	0	5	6	□
+	4	9	9	□	0	7
	□	4	0	2	7	0

b)

	1	□	9	□	6	3
+	7	3	□	8	9	□
	□	4	1	6	6	0

c)

	□	6	0	2	7	□
+	3	□	0	2	□	0
	7	2	0	□	5	6

4 Immer zwei Rechnungen haben dasselbe Ergebnis.
Male die Kärtchen mit der gleichen Farbe an.

1192 · 7 | 357 · 12 | 596 · 14 | 234759 · 3 | 78253 · 9 | 1071 · 4

5 Rechne mit Probe.

a) 4702 : 8 = R

b) 9277 : 12 = R

1 Frau Groß fährt mit dem Zug von Regensburg nach Garmisch-Partenkirchen. Sie fährt um 8.44 Uhr los und kommt um 10.20 Uhr in München an. Hier hat sie 12 min Zeit, bis sie nach Garmisch-Partenkirchen weiterfahren kann. Nun ist sie noch 1 h 25 min unterwegs.

a) Wie lange ist Frau Groß insgesamt unterwegs?

b) Um wie viel Uhr kommt sie in Garmisch-Partenkirchen an?

Lösungshilfe:

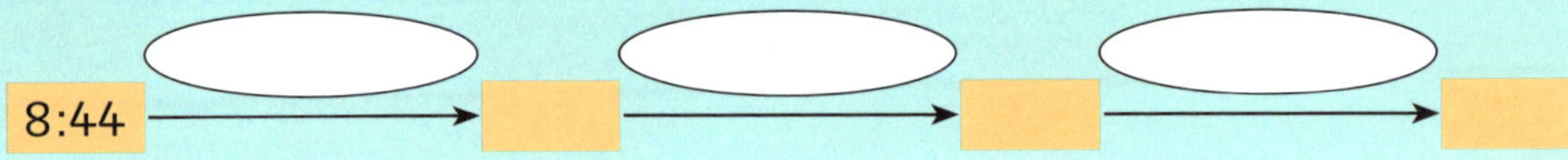

Antwort a: ____________________

Antwort b: ____________________

2 Herr Knopf kauft sich ein Auto. Er leistet eine Anzahlung von 15 128 €. Um den Restbetrag abzuzahlen, muss er drei Jahre lang jeden Monat 552 € bezahlen.

a) Wie viel kostet ihn das Auto insgesamt?

b) Nach eineinhalb Jahren überlegt er, wie viel er inzwischen für die Raten bezahlt hat.

Rechnungen:

Antwort a: ____________________

Antwort b: ____________________

3 Runde die Länge der Flüsse auf Zehner und zeichne sie in das Säulendiagramm ein.

Fluss	gerundete Länge
Isar (Is) 295 km	
Loisach (L) 114 km	
Naab (N) 165 km	
Lech (Le) 264 km	
Amper (A) 185 km	

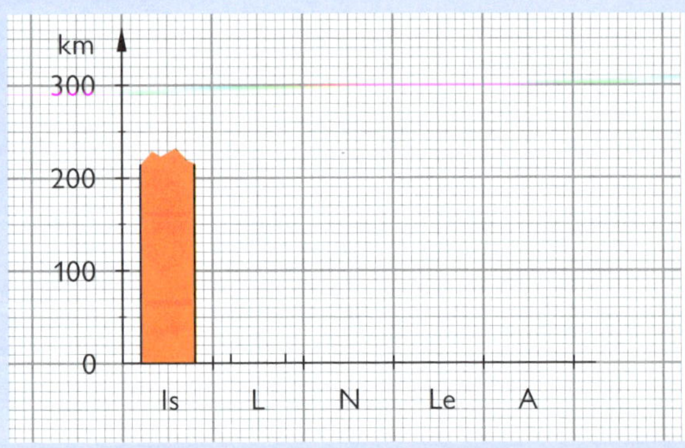

SB ► S. 128–131

Fit für die fünfte Klasse – Geometrie

1 Vervollständige die Quadernetze.

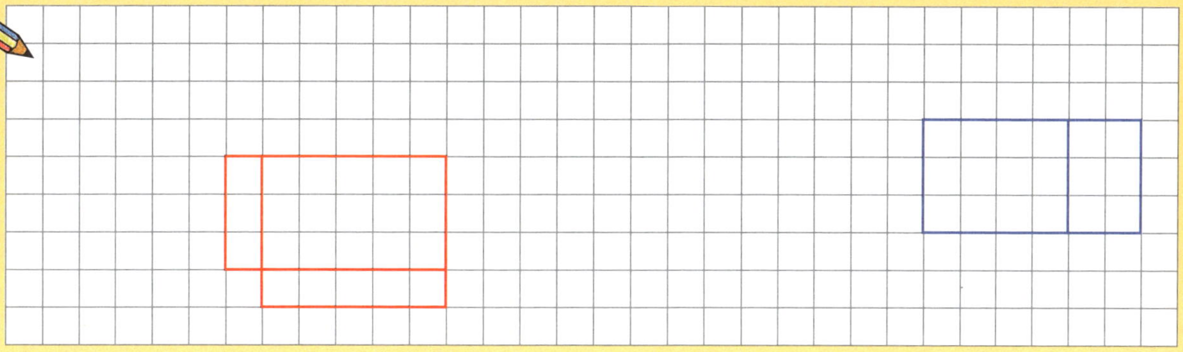

2 Spiegle an den roten und blauen Achsen, so dass ein Muster entsteht.

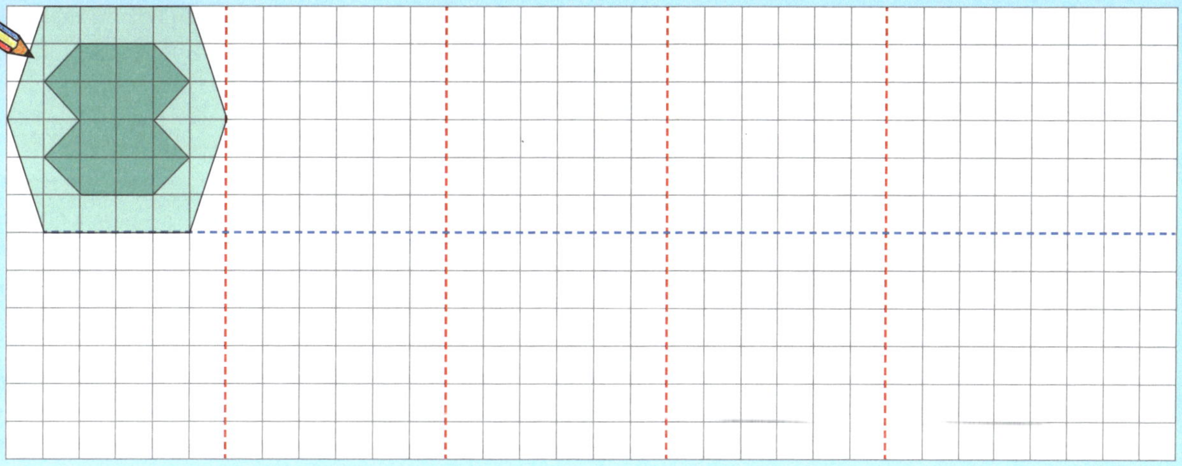

3
a) Zeichne einen Kreis mit dem Radius 3 cm 5 mm.
b) Zeichne den Durchmesser ein.
c) Zeichne zum Durchmesser zwei parallele Linien im Abstand von je 1 cm 5 mm.
d) Zeichne zum Durchmesser eine senkrechte Linie durch den Mittelpunkt.
e) Zeichne dazu zwei parallele Linien im Abstand von je 2 cm.
f) Male die entstandenen Flächen farbig an.

Mathematik 4
Grundschule Bayern

Arbeitsheft

Erarbeitet von	Irene Boellner, Gudrun Thöne
	Reinhard Fischer, Max Friedl, Herbert Goigner, Ludwig Scholler, Hans-Jürgen Ueberschaar, Heidrun Weber
Unter Beratung von	Elke Maier, Heike Peters
Redaktion	Antje Stadermann
Reihengestaltung	Buchgestaltung +, Berlin
Technische Umsetzung	Marina Goldberg
Illustrationen	Gabriele Heinisch Liliane Oser (Piktogramme) Christine Wächter (technische Zeichnungen)
Umschlagillustration	SaBine Büchner
Bildquellen	S. 14/2: Volkswagen AG/Pressebild S. 14/4: Gudrun Thöne, Aham S. 38: Bauknecht Hausgeräte, Schorndorf S. 53: Tourismusinformation, Grafenau

Zu diesem Arbeitsheft gibt es Schülerbuch, ISBN 978-3-06-081685-9

www.cornelsen.de

1. Auflage, 1. Druck 2009

Alle Drucke dieser Auflage sind inhaltlich unverändert
und können im Unterricht nebeneinander verwendet werden.

Druck Druckhaus Berlin-Mitte GmbH

ISBN 978-3-06-081689-7 (Arbeitsheft 4)
978-3-06-081693-4 (Arbeitsheft 4 mit CD-ROM)

Inhalt gedruckt auf säurefreiem Papier aus nachhaltiger Forstwirtschaft.